JN144046

わかる基礎入門シリーズ

〈 即戦力になる 〉
実験ノート入門

効果的なレポート・論文の書き方

吉村 忠与志 =著

技術評論社

実験・研究を始める前に

　実験は面白いが、その後、自分の主張をレポートや論文にすることは、大の苦手だという学生・研究者が多くいる。
　もしあなたが、実験テキストを事前に読まず、実験操作を書かれているままに行い、実験書の丸写しでレポート提出を済ませ、自分自身では何も考えずに実験時間を費やしていたとしよう。それでは、レポートや論文を書くための糧とはならない。
　それなりの先行知に習うわけなので、作業となる実験操作・テクニックは身につくかもしれない。しかし、実験過程での実験ノートも取らず、自分で考え、考えたことを書き記すこともしないのでは、決められたことをその通り行うだけであり、先行知を超える創造性や先見性は生まれてこない。
　これから身につける必要があることは、自分の考えや主張を文書で発表し、世界の研究者とコミュニケーションする力である。これは難しそうにみえるが、実は自分で考え、その考えを発表する力の基礎は、実験ノートを書くことで身につけることができる。
　本書は、実験レポートや論文を自分の言葉で書きたくなるように、魅力ある「実験ノートの書き方」を軸にして、次につながる「効率的な実験ノートの整理・活用法」や「読みたくなるレポート・論文の書き方」を伝授する。
　本書の特徴は、文書を書くのが苦手な学生が教師に質問する形でストーリーを進め、初心者でも読みやすく、頭の中に入るように工夫してあることである。問答形式の中に、自分の考え

をもつ研究者として育つためのアドバイスを、いろいろなシチュエーションを想定して提供してある。

　回答やアドバイスを通して、遭遇する実験・研究環境での疑問点を解消し、初心者が戸惑う点をやさしく解説した。

　実験ノートを中心とした、研究アイデアの出し方、仮説の立て方、論文作成に役立つためのメモ書き、パソコンやエクセルを使った効率のよいデータ処理や整理法などを身に付けてほしい。

　本書が、実験ノートの導入のきっかけとなり、理工系研究者の卵や学生の科学的コミュニケーション力をつけるための一助となれば幸いである。

2016年春

吉村　忠与志

目次

実験・研究を始める前に 2

第1章 実験ノートの書き方

1.1 どんなノートに書くか？（実験ノートの選定） 16

- **Q1** 実験にはどんなノートがいいですか。いつもルーズリーフを使っていますが、それでもいいですか。 17

1.2 実験ノートを書く意味 17

- **Q2** 実験するのは大好きなのだけど、実験ノートに何を書けばいいのか分かりません。教えてください。 18
- **Q3** 実験ノートを具体的にどう書けばよいのか教えてください。 19
- **Q4** 字が下手なので、後で実験ノートを清書してもよいですか。 20
- **Q5** ノートは、鉛筆で書いてもいいですか。 22
- **Q6** 実験ノートのナンバリングって何ですか。 23
- **Q7** 時間を計るとき、ストップウォッチを使ってもいいですか。 24

contents

- **Q8** ノートの見開き2ページとも書き込んでいいですか。 ……… 25
- **Q9** この辺で、実験ノートに記載すべき事項をまとめてください。 ……… 26
- **Q10** 実験ノートに書き切れないときはどうすればいいですか。 ……… 29
- **Q11** 実験の作業で忙しく、ノートに書く手間が面倒です。 ……… 29
- **Q12** 実験ノートの記載で、やってはいけないことを教えてください。 ……… 30
- **Q13** 学生のうちは、先生からの指示通り、実験を行っていればよいですか。 ……… 31

1.3 ノート内でのデータの整理法 ……… 32

- **Q14** 見開きページで残した余白ページの使い方を教えてください。 ……… 32
- **Q15** 実験に関連する資料・文献をもらったとき、どうしたらよいですか。 ……… 33
- **Q16** 実験をするのは大好きですが、文書でまとめるのが苦手です。どうしたらよいですか。 ……… 34
- **Q17** 実験が大好きなので、実験する楽しみ方を教えてください。 ……… 35

1.4 実験成果と実験ノートの整合を保つ ……… 36

- **Q18** 研究・実験が一段落すると、データや資料がたくさんたまってしまいます。そんなときの整合的な整理法を教えてください。 ……… 37

- **Q19** 実験ノートのメリットには何があるのですか。教えてください。 ……… 38

1.5 実験ノートの電子化 ……… 39

- **Q20** 先生は大学ノートでの使用を勧めていますが、電子版実験ノートについてどう対応すればいいですか。 ……… 39
- **Q21** レポート作成などでパソコンは使うのですが、Excelをどう活用するのかがよくわかりません。 ……… 40
- **column**「実験をときめきとともに、遂行するために」 ……… 42

第 2 章 文献調査の重要性と進め方

2.1 研究・実験テーマを見つける ……… 44

- **Q1** 研究や実験は何から始めればよいのか、教えてください。 ……… 44
- **Q2** 学生実験を履修するとき、どのような点に注意して受講すればよいですか。 ……… 45
- **Q3** 学生実験を通して何を学べばよいですか。 ……… 46
- **Q4** 実験する前に、文献調べはどうすればよいですか。 ……… 47

2.2 インターネットでの検索 ……… 48

- **Q5** インターネットで研究に関連する論文を探す方法を教えてください。 ……… 48

contents

Q6 インターネット検索において、
　　　注意すべき点を教えてください。　49

2.3 専門分野のデータベースからの検索　50

Q7 専門分野での文献データベースは、
　　　どこから発信されていますか。　50

Q8 インターネット検索にGoogleをよく使っていますが、
　　　これは論文検索で使えますか。　51

Q9 「J-STAGE」とは何のサービスですか。　52

2.4 検索論文の入手法　53

Q10 検索した論文を手に入れる方法を教えてください。　54

Q11 検索してヒットした論文はタダで手に入りますか。　55

Q12 国立情報学研究所の「CiNii Articles」では、
　　　　何が検索できますか。　58

Q13 学生なので、検索でヒットした有償の論文を
　　　　タダで手に入れることはできませんか。　61

2.5 雑誌会での討論・発表　61

Q14 雑誌会で最新の論文を紹介しなければなりません。
　　　　英語論文の効率的な読み方を教えてください。　61

Q15 雑誌会で最新論文を紹介する
　　　　コツを教えてください。　62

Q16 雑誌会では、自分の研究テーマに関した論文を紹介
　　　　しますが、自分の研究についてはどう関わればよい
　　　　ですか。　64

第 3 章
実験データの整理・活用法

3.1 Excelは賢く使う ... 66

- **Q1** Excelの基本機能を教えてください。 ... 67
- **Q2** 最初に覚えておくべきExcelの基本操作を教えてください。 ... 67
- **Q3** Excelで条件付き書式とは、どういう機能ですか。 ... 69
- **Q4** 具体的な活用事例で条件付き書式を教えてください。 ... 69
- **Q5** エクセルの関数と数式の使い方についても教えてください。 ... 73

3.2 散布図と統計処理の活用 ... 75

- **Q6** グラフの選び方と使い方を教えてください。 ... 75
- **Q7** 身長と体重の関係をプロットするには、どのグラフを選べばよいですか。 ... 78
- **Q8** 原点を通るようなプロットで直線（線形近似曲線）を引くことができますか。 ... 80
- **Q9** Excelで重回帰分析をすることができますか。 ... 81

3.3 最適解ツールの活用 ... 84

- **Q10** Excelのゴールシークの使い方を教えてください。 ... 84
- **Q11** Excelのソルバーの使い方を教えてください。 ... 86

3.4 実験計画法の活用 ... 89

- **Q12** 実験計画法で、何ができるのかを教えてください。 ... 89
- **Q13** Excelに3つの分散分析が用意されていますが、どの場合にどれを使うのかを教えてください。 ... 91
- **Q14** 一元配置の分散分析の使い方を教えてください。 ... 92
- **Q15** 二元配置の分散分析の使い方を教えてください。 ... 94

3.5 Excelを駆使したデータの処理法 ... 97

- **Q16** Excelを用いていろいろと計算手法を学んできましたが、標準装備されていない計算手法を使いたいとき、どうすればよいですか。 ... 97

column 「Excel操作をマスターしよう」 ... 104

第4章 レポート・報告書・論文の書き方

4.1 読まれるレポートの書き方 ... 106

- **Q1** 学生実験のレポートの書き方を教えてください。 ... 106
- **Q2** 実験レポートの形式は、どのようになっていますか。教えてください。 ... 107
- **Q3** 実験レポートに書く実験方法の記述は、テキストの丸写しでもよいですか。 ... 111

4.2 報告書はA4紙1枚に簡潔で具体的に書く ……… 112
- **Q4** 報告書の書き方を教えてください。 ……… 112
- **Q5** 報告書には、具体的にはどんなことを書けばよいですか。 ……… 115

4.3 論文の書き方 ……… 116
- **Q6** 卒業論文の基本構成や書き方を教えてください。 ……… 116
- **Q7** 研究でうれしい成果が出たとき、論文をどう書いてよいかを教えてください。 ……… 117
- **Q8** 先生から、ある討論会で担当する実験の発表をしなさいといわれ、その準備をして発表をしました。その討論会で、論文発表することを勧められました。論文を書くのが苦手なので困っています。どうしても論文を書かなければなりませんか。 ……… 119
- **Q9** 論文を書く上で大事なことを教えてください。 ……… 120
- **Q10** 論文を初めて書くので、書くときの注意点を教えてください。 ……… 121
- **Q11** 書いた論文は、海外の研究者にも読まれますか？ ……… 124

4.4 コメントをもらえる研究成果の発表の仕方 ……… 126
- **Q12** 学会討論会で発表することになったので、発表の準備の仕方を教えてください。 ……… 126
- **Q13** 発表には、口頭発表とポスター発表があるようですが、どちらを選んだらよいですか。 ……… 127
- **Q14** 口頭発表でのスライドを作るときの注意点を教えてください。 ……… 128

- **Q15** 口頭発表で準備した内容をすべて口述するために、多少時間をオーバーしてもよいですか。 ……… 130
- **Q16** プレゼンテーションにおける発表内容の構成について教えてください。 ……… 131
- **Q17** ポスター発表でのポスターを作成するコツを教えてください。 ……… 132
- **Q18** ポスター発表に臨む前に、何を準備しておいたらよいか、教えてください。 ……… 136

第5章 次につながるデータの整理と分析活用法

5.1 データベースの作成 ……… 138

- **Q1** 実験ノートがたまっています。どうすればいいですか？ ……… 138
- **Q2** ノートのデータベース化においてExcelの使い方を教えてください。 ……… 139
- **Q3** Excelをデータベースとして使うときに、便利な機能を教えてください。 ……… 140

5.2 実験データを分析し活用する法 ……… 143

- **Q4** データの整理で0次情報、1次情報、2次情報という区分がありますが、何のことかを教えてください。 ……… 143
- **Q5** データの取り扱いで、データマイニングって何ですか。 ……… 144

- **Q6** パターン認識法で、教師付き学習と教師なし学習があるようですが、どういうことですか。初心者にも分かるように説明してください。 …… 147
- **Q7** 教師付き学習の判別分析で、何が分析できるのですか。 …… 149
- **Q8** 教師なし学習の主成分分析で、何が分析できるのですか。 …… 152
- **column**「次の研究につながるデータ整理」 …… 158

第6章
報告書の提出と論文の投稿

6.1 報告書の提出 …… 160
- **Q1** 報告書にはどんな種類があり、またどんな形式で書けばいいですか。 …… 160
- **Q2** Eメールで提出する報告書の場合の注意点を教えてください。 …… 161
- **Q3** Eメールによる報告文の書き方を教えてください。 …… 162

6.2 論文の投稿 …… 164
- **Q4** 論文の投稿先について教えてください。 …… 164
- **Q5** 論文の投稿の方法を教えてください。 …… 165
- **Q6** 投稿したいジャーナルの事務局（学術団体）のホームページに入ったら、まず何をすればよいですか。 …… 166

- **Q7** 投稿ページでレフリー候補の選定項目がありますが、誰を候補に挙げればよいのか、教えてください。 …… 173
- **Q8** 投稿が完了して数週間が経ったのですが、投稿先から何の音沙汰もありません。どうしたらよいでしょうか。 …… 178
- **Q9** 審査結果が届いたときは、どのように対応すればベストなのか、教えてください。 …… 178
- **Q10** 論文がリジェクトされた場合は、どのように対応すればよいですか。 …… 179

6.3 特許の出願 …… 180

- **Q11** 特許は何のために出願するのですか。 …… 181
- **Q12** 特許出願の流れはどのようなものですか、教えてください。 …… 181
- **Q13** 学会討論会で発表したとき、すぐに特許を出願するように指導されました。どうしてすぐ出願する必要があるのですか、教えてください。 …… 182
- **Q14** 特許の出願はどのようにすればできますか。 …… 183

第7章
研究のサイテーション（引用と著作権）

7.1 著作権保護 …… 186

- **Q1** 著作権って何ですか。 …… 186

7.2 著作物・論文の引用 ... 188

- **Q2** 著作物である論文をコピーして第三者にあげても、問題はありませんか。 ... 188
- **Q3** 論文を引用するのは問題ないとのことでしたね。 ... 190
- **Q4** 論文の末尾の引用文献リストはどのくらい書けばよいですか。 ... 191
- **Q5** サイテーションとは何ですか。 ... 191
- **Q6** インパクトファクターIFとはどういう指標なのか、教えてください。 ... 192

7.3 引用される論文の書き方 ... 194

- **Q7** 研究者から注目されるような論文を書きたいので、良い方法があれば教えてください。 ... 194
- **Q8** 英語が苦手なのですが、英文化するときどうしたらよいですか。 ... 196
- **Q9** 高校で英語が得意だったので、論文の冒頭から英語で書いてもよいですか。 ... 198

column「実験を楽しみ、ときめきを伝えるために」 ... 199

付録 主成分分析のマクロコード ... 200

索引 ... 204

CHAPTER 1

第 1 章

実験ノートの書き方

第1章　実験ノートの書き方

　実験ノートは、研究者にとって実験を遂行した記録として最も重要なものであり、実験には必帯品である。
　「私は実験ノートをとらない」と豪語する研究者もいるようである。しかし、実験の正当性（エビデンス）が問われた場合、それを証明できるのは手書き実験ノートである。
　もし、記録データをすべてパソコンに打ち込み、デジタルデータだけにすれば、ほとんど手書きノートは残らないことになる。デジタルデータは簡単に変更できるが、手書きのメモは修正できない。それゆえ手書きの実験ノートは、極めて重要であることを認識してほしい。
　場合によっては、実験と並行してのパソコン入力が必要なときもある。このような場合でも、できるだけなんらかの手書きのメモ書きを残すようにすることが必須となる。実験メモを手書きした時点で、実験ノートの内容となるのである。

1.1　どんなノートに書くか？（実験ノートの選定）

　研究室によっては、実験ノートの重要性を強調するために、永久保存に耐える厚手表紙のノート（図1）を、実験ノート専用として指定している。学生にとって素晴らしいことである。もし指定がない場合は、A4判の大きさの大学ノートの使用をお勧めする。
　次から、Q&A形式で、具体的な解説をしていく。

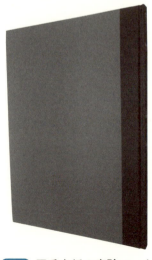

図1　厚手表紙の実験ノート

図2　大学ノート（A4判）

Q1 実験にはどんなノートがいいですか。いつもルーズリーフを使っていますが、それでもいいですか。

A1 実験には綴じられた「A4判の大学ノート」を使うことを勧めます。

　ノートには背表紙付きノートの冊子「大学ノート」と、用紙をバラバラにできる「ルーズリーフ」の二種類がある。

　ルーズリーフは、用紙のノートがバラバラになりやすいことから、「実験ノートの記述」による時系列実験を行った証拠を示す正当性に欠ける。そのため、綴じられた大学ノートの使用が推奨される。大学ノートのサイズは、公式用紙（A4）にあわせてA4サイズが最適である。

　実験ノートは、研究における知識資産の集結・共有・運用の機能を有し、研究の先発優先順位（プライオリティ）を証明するものなので、実験テーマごとに専用のものを用意するのがよい。

1.2　実験ノートを書く意味

　実験経過を書くことは、研究を進める上で、本人が確実に実験を遂行したことを示すだけでなく、実験が滞らずにうまく運ぶように手助けしてくれるものである。実験過程を書くのに、適当な用紙に記述していたのでは、誰もその正当性を認めてくれない。

　実験ノートは、研究に関する生データ（0次情報，詳細は第5章）であり、実験の再現性も証明してくれるので、実証において最も重要である。

　「実験ノートは何のために書くのか？」という質問をすると、実験の再現性を確保するためや、捏造でないことを証明するためといわれる。では、もし特許紛争になった場合どうなるか。

　日本や欧州では、先に特許出願した者が権利をもつ先願主義を取っているが、アメリカでは、先発明主義（出願日に関わらず先に発明した者が特許権を受ける）によって、実験ノートの記述が、「特許争い」の公的文書として権利の証拠となっている。

　つまり、時系列の手書きノートが極めて重要な公的文書と認定されているのであ

第1章　実験ノートの書き方

る。先発明主義をとってきたアメリカは、ようやく、先願主義（例外あり）へ移行した。これで、多少なりと実験ノートの価値が低くなった傾向があるが、実験ノートの持つ証拠能力は、特許係争において不可欠の要素の1つであり、研究での実験ノートの重要性は揺るぐものではない。

 実験するのは大好きなのだけど、実験ノートに何を書けばいいのか分かりません。教えてください。

 逆に「実験がなぜ大好きなのですか？」と質問します。
その答えを想定すると、「実験すると"ときめき"があるから大好きなのだ！」と思います。実験中にときめいたり、気づいたりした出来事をすべて書けばいいのですよ。
実験ノートに求められる事柄は、実験中に生じたことをすべて書き残すことで、時系列で起きた結果・成果の確証となるものです。
実験を始める前の、実験計画や実験メモ、そのテーマでの討議の内容など、一連の事柄を一冊のノートにまとめるように書きましょう。

　実験ノートに求められる事柄を考えてみてほしい。実験の網羅性、実験のログ機能、情報の検索性、記載の可読姓と実証性、実験の操作・手順（プロトコル）の可視性などが挙げられる。
　実際には、実験ノートには、立案した実験の手順（プロトコル）や条件、サンプルの名称と数、試薬の数、反応時間、反応温度などの詳細を記述していく。
　実験の準備や操作を示すプロトコルを明記することは、実験を見直すとき、実験目的が遂行・達成できたかを確認するうえでたいへん重要である。
　実験に用いた試薬や分析機器についても、詳細に記載する。
　試薬の場合、そのロット番号も記載することによって、トレース分析（ロットの識別、traceability）で利用できる。

1.2 実験ノートを書く意味

　実験操作は具体的にすべてを記述し、省略はしない。後に、同じプロトコルで再実験を行う場合、記述された通りに実験操作をすることで、正確な実験遂行を確認することができる。つまり、自分以外の人がこの実験ノートに従って再実験したとき、再現できる記載でなければならない。

　従って、実験を遂行するときは、常に実験ノートをそばに置き、研究に関するすべての事柄を簡潔に漏れなく記載するのがよい。

　実験内容に関するディスカッションをしたときも、実験ノートの日付ナンバリング（後述）をしたページに、共同研究者とのやり取りや、実験のデザイン、データの解釈、などをメモ書きする。さらに、誰が指示・指導・提案したかも記載する。

　他の実験プロトコルを記載する場合は、関連文献を明記する。

 Q3 実験ノートを具体的にどう書けばよいのか、教えてください。

 実験ノートを見れば、一連のテーマでの研究過程と進捗が一目で分かるように、実験中の操作や起こったことのすべてを記載します。途中で実験ノートから離れ、他の場所でメモをしたら、そのメモをした用紙を実験ノートにはり付けます。
実験で取得したデータは、その都度グラフ化して、測定値の統計的不備（実験誤差）をチェックしましょう。
実験に関する事項は、すべて時系列で記載すればいいのです。

　実験中は常に、その時点での実験結果を記述していく。これは実験に携わる者や研究者にとって、最も身につけておきたいことである。

　実験の途中で得られたデータは、そばに用意した実験ノートに書いていく。実験が終わった後で、まとめて実験ノートに整理・記入するのは駄目である。面倒くさがらずに、その都度、記入していくことである。特に、実験中に気づいたこと（発見）や思い浮かんだこと（アイデア）は、忘れないうちにすぐ記録しておく。メモ

第1章　実験ノートの書き方

用紙に書いた場合は、実験ノートに必ずはっておくようにする。

実験データは、取得した時点でその場でグラフ化し、常に実験誤差を調べるようにするとよい。後で不備なデータと気づいても、遅いのである。せっかくの実験が無駄となってしまう。そんな後悔をなくすためには、関数電卓を携帯し、グラフ化する習性を身に付けるようにしてほしい。

実験ノートには、必ず書くべきことがある。それは、研究・実験における5W1H（What → Why → Who → When → Where → How）である。

何をするのか、何のためにするのか、誰とするのか、いつするのか、どこでやるのか、どのようにやるのかを書きだすのである。

- What 　…「実験課題・テーマ」（何をやったか）
- Why 　…「なぜ、なんのために」
- Who 　…「研究・実験者の名前」
- When 　…「実験した日時」
- Where…「実験場所と実験環境」（気温、気圧、湿度なども含む）
- How 　…「どのようにやったか」

以上を、実験ノートに明記する。

これらの留意点を明確にすることで、はじめて実験ノートが実験に関する重要な記録となる。

実験後の「報告」（レポート・論文）は、実験ノートの記録に基づいて書くため、もし実験ノートがずさんな記述であれば、報告や論文において不正を許すものとなってしまう。

Q4　字が下手なので、後で実験ノートを清書してもよいですか。

上手でなくても、丁寧に書けば読めます。実験ノートは実験した証（あかし）として残すものです。きれいな字で書く必要はありません。
実験中の情報が漏れなく記載されることが重要です。

1.2 実験ノートを書く意味

　実験ノートにその場で書いていくときれいなノートが作れない。そのため、後で整理書きする人がいる。しかし、清書の時点で実験情報の記載漏れが起こる恐れがある。

　実験ノートは、他人に読ませることを前提としていないので、きれいな文字で清書する必要がなく、後で解読できる文字で丁寧に簡潔に記述されていればよい。実験を行った正確な記録（証）を残すことであり、美的な記載を必要としない。

　実験の最中に実験ノートと離れる場合があるとき、用意してある紙にメモ書きしたなら、それは必ずノートにはり付けるようにする。その時も転記することは止める。なぜなら、その場で書いたメモ書きは、その時点でのファクトデータ（事実・生データ）であるからである。

　図3に実験ノートの記載事例を示す。

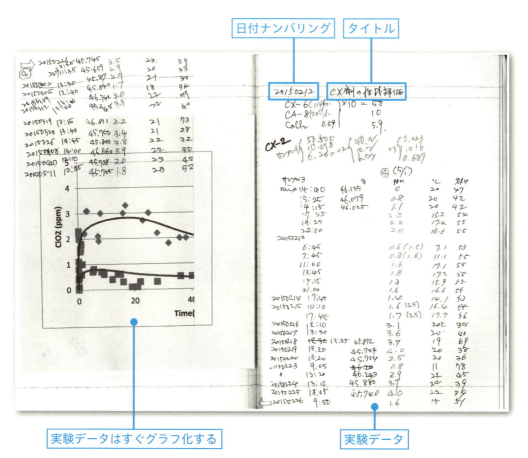

図3　実験ノートの記載事例

第1章　実験ノートの書き方

Q5 ノートは、鉛筆で書いてもいいですか。

A5 鉛筆は消しゴムで消すことができるので、消すことができないボールペンを使いましょう。
修正したいときは、文字の上に二重線を引いて訂正します。消しゴムや修正テープで消してはいけません。

　記入する時点で用いるペン（筆記用具）は、ボールペンを使うことである。その理由は一度記入したデータや記述事項は、その時点でのファクトデータ（事実）であり、実験ノートとしての正当性を論ずるとき、消しゴムで消すことができるような鉛筆書きでは、不正を許すことになるからである。消すことのできないペンを使うことが重要であり、鉛筆は使わないことである。
　記述した後、もしその記述事項が間違っていたときは、二重線を引いて修正する習慣を身に付けておこう。
　きれいに修正するために修正テープや修正ペンを用いると、修正した元データの記述が復元できず、どうして修正する必要があったかを示すこともできない。
　失敗したからといって、二重線を引いた箇所があるページを切り取ってはいけない。残すことが必要なのである。
　記載の時点で間違っていると思っても、それはある条件でそのような結果（数値）が出たものであり、後で推敲したとき、それは訂正する必要がないものかもしれない。
　訂正前のデータは、敗者復活があることも想定して、後から解読できる修正に留めることが大事である。
　また、ボールペン以外に、見やすく分かりやすくするために、カラーマーカーなどを使うことは、お勧めする。

1.2 実験ノートを書く意味

Q6 実験ノートのナンバリングって何ですか。

A6 実験の記述には、時系列の記載が要求されています。実験を始めるとき、白紙ページの先頭行に日付のナンバリングを書きます。
ノートの記載が日付による時系列の順となります。

　実験データを記述する前に、実験ノートの最初の行に、日付を必ず記載する。
　例えば、実験日が平成27年4月10日なら、「20150410」と記入する。これがナンバリングである。
　大学ノートは背表紙で綴じられているので、ナンバリングはページ番号の代わりになる。このナンバリングによって、すべての実験情報が、時系列順に記載されることが重要である。抜き差しできるルーズリーフのノートだと一見便利かもしれないが、時系列順が確保できないのでよくない。
　図4に実験ノートの模範事例を示す。内容は、24%水酸化ナトリウム原液を作製した時のものである。

```
日付ナンバリング    20150410
実験日の気象条件    気温 23.5℃、湿度 64.3%RH、晴れ
実験タイトル        24%水酸化ナトリウム原液の作製

                   粒状 NaOH  50×0.24=12g  秤量
                   水 38gに12gのNaOHを溶かす。

                   注意点：溶解は発熱反応なので、注意する。
```

図4 ナンバリングした実験ノート事例（見開きの右ページから記載する）

第1章　実験ノートの書き方

　ナンバリングの次に、その日の気象条件を記載する。実験には気温、湿度や気圧が問題となることがあるので、気象条件も重要な実験条件である。

　ナンバリングと気象条件の後ろの行に、その日に実験する内容を集約した「タイトル」を記入する。できれば、実験内容を要約した文章で記述するのがよい。

　タイトルを後で記載する場合は、ノートの最初の数行を空けておく。タイトルは、単語の羅列より、文章（ex.○○を使って○○を作成する）のほうが具体的で分かりやすい。

　実験を行う前に、一連の操作をフローチャートにまとめ、タイトルの後に記述して可視化するとよい。

　実験を続けながら、その都度、気づいたことをメモしていく。そのナンバリングしたページが一杯に詰まった場合は、ページ最後に「次のページに続き」と記述し、次ページへ連続する記載であることが分かるようにする。

　新しい大学ノートの表紙を開くと、1ページ目は見開きにならないので、そのまま白紙にしておき、2ページ目から始める。最初の1ページ目は、大学ノート全体が一杯になったとき、そのノートの「目次ページ」として利用する。

　実験ノートを1冊使い切った段階で、背表紙と表紙にナンバリングしておくと、実験ノートの時系列順が確保でき便利である。

Q7 時間を計るとき、ストップウォッチを使ってもいいですか。

A7 ストップウォッチは秒単位の計時に使い、その他は、身近にある時計で時刻を記録するようにすると、時系列の実験情報が豊かになります。

　実験の反応時間や経過時間を計測する際に、ストップウォッチを用いる。秒単位の計時が必要ないときは、実際に行った日の時分を記載すればよい。

　分単位の計時を記録する場合、例えば、平成27年4月10日午後1時25分なら、「2015/4/10 13:25」と書く。

　時刻の記録は、実験処理の過程での時間経過が明確になる。例えば12時の昼

食・休憩を挟んだ実験経過であることも記録される。

　後でデータを解釈する場合、時刻の記録でいろいろな情報が盛り込まれることが重要なことなのである。

　実験の計測値から数値変換するときは、計算法・計算式を記載し、その計算過程も必ず記述する。そうすることによって計算ミスがあったかどうかも検証できる。

Q8　ノートの見開き2ページとも書き込んでいいですか。

A8　見開き2ページとも使う人もいます。しかし、先生はいずれか一方のページだけを実験中のメモ書きに使い、他方の白紙ページは実験前後のチェック記述に利用することを勧めています。
余白ページの使い方は、次節で考えてみよう。

　大学ノートは見開き2ページ単位で使う。原則的に1単位（見開き2ページ）で1日の実験で使用し、片方のページだけに実験の記録メモを記述し、他方のページは白紙のままにしておく。

　その理由は、実験経過やプロトコルの操作などについて、検討項目が生じた場合の記述に利用するためである。

　例えば、実験中や実験後に気づいたことや、発想したこと、やむなく変更したことなどを、書き忘れないようにその場でメモを書き残すようにする。研究を進める段階で、先生や先輩から指摘やアドバイスを受けたことなども、必ず書いておく。この白紙ページは、活用の仕方次第で、とても重宝するページになる。

第1章 実験ノートの書き方

Q9 この辺で、実験ノートに記載すべき事項をまとめてください。

A9 まとめますと、図5のようになります。

実験ノートに記載すべき事項をまとめると、以下のような項目となる。

- 実験日を示すナンバリング
- 実験目的を示すテーマ
- 実験日の気象条件（気温、天候、気圧、湿度など）
- 実験した共同者がおれば氏名
- 実験操作を示す手順（プロトコル）
- 実験中に発生する測定値
- 実験中の観察事項（臭い、色、形、物の状態など）
- 実験中に発生した事項
- 計算したり換算したりしたときの途中の計算過程メモ
- 実験終了の際の思いつき・考察

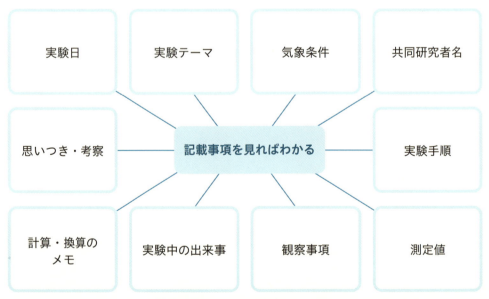

図5 実験ノートに記載すべき項目

1.2 実験ノートを書く意味

などを記載する。それらの項目を見れば実験内容がすべてわかり、追試できるようにする。

実験ノートの記載内容を論文形式にまとめると、次の5点となる。

(1) 実験目的の立案
　　……日付、目的、背景、方法、共同研究者などの研究に関わる事項を示す
(2) 実験の方法と操作
　　……実験のプロトコル、実験条件、前実験からの引き継ぎ、気づいたこと、変更点、などを記載する
(3) 実験の結果と生データ
　　……測定値、試薬の計量リスト、観察したこと、実験中の出来事、すべての生データ記入、単位は必ず記入、計算・換算のメモ、気づきメモなどを記載する
(4) 考察と課題
　　……データや観察点、思いつきなどを整理・分析・検証・考察し、確証される事実を明確化し、矛盾点・問題点・今後の課題を挙げ、新しい知見を記載する
(5) 実験終了の整理
　　……時系列となる実験ノートの整理をし、不正のない証拠を記載する

実験ノートは研究者ごとに記述されるものであるが、同時に共同研究者が存在する場合は、共同研究者の氏名を記載する。

ここで、実験ノートに記載すべき模範事項を、図6に示す。

第1章　実験ノートの書き方

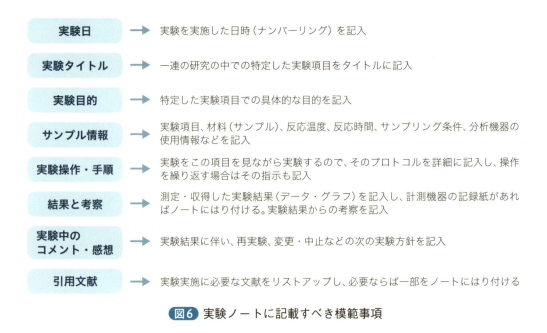

図6　実験ノートに記載すべき模範事項

図7に図6の事項に対する実験ノートの模範例を示す。

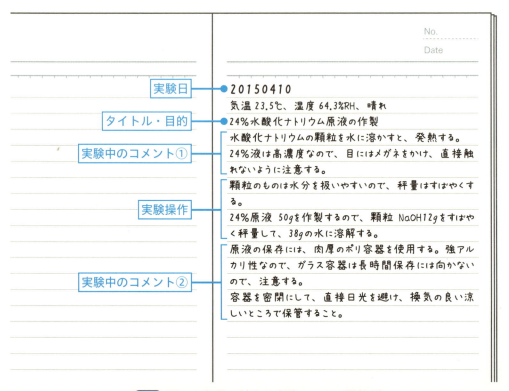

図7　図6の事項に対する実験ノートの模範例

1.2 実験ノートを書く意味

Q10 実験ノートに書き切れないときはどうすればいいですか。

A10 実験の内容によっては、実験ノートのページに収まらないことがあります。そのときは別のノートやファイルに分けます。その際、元の実験ノートとの整合が常にとれるようにしておきましょう。

　実験ノートのスペースには限りがあり、実験内容によっては、書ききれない場合がある。他にとるべき方法がない場合は、電子媒体や別ファイルなどに分割して記載することを考える。

　その場合は、実験ノートと整合がとれるようにする。整合をとるためには、正確性、網羅性、保安性、検索性、操作性、視認性の項目で評価できるものとする。これらの整合を保てば、転記しないですむため、ミスを最小限に減少することができる。

Q11 実験の作業で忙しく、ノートに書く手間が面倒です。

A11 実験中は常に、その場でメモをとるようにしましょう。ノートに何が重要で、何を優先すべきかを記入しておき、実験中もメモを書き残していけば、実験の状況が急に変化した場合にも、メモを見て適切な対処をとることができます。

　実験において、何が大事で、何を優先すべきかが明確化されていることが重要である。実験ノートは、実験内容のPriority（優先事項）を明確化する役目を持つ。

第1章　実験ノートの書き方

　実験の作業過程では、とにかくデータを取っておいて、後で整理すればよいとする人がいる。何事も後回しにすれば、その時点で気づいた点やすべきだった点も忘れ、貴重な時間を無駄にするものである。

　実験中は、常に実験ノートを用意し、実験の記録を取りながら実験を行うことがとても大切である。

　実験ノートは、実験中の記録を積み重ねてきちんと結果が記載されてこそ、次への確証となり貴重な財産となる。記録の蓄積は、自分自身の成果であり、やってきたことの証となる。

Q12 実験ノートの記載で、やってはいけないことを教えてください。

A12 これまでもいろいろとやってはいけないことを述べてきましたが、まとめますと、下記のような禁止事項となりますね。

実験ノートを記載するうえでやってはいけないことは、次の5点である。

1. ちらしの裏紙に書いたり、手のひらに書いたりしてはいけない
2. ノートの上に器具や物を載せない
3. 不正となるウソや数値のごまかしを書いてはいけない
4. 記載を間違えたときは二重線を引いて訂正し、修正テープや修正ペンを使ってはいけない
5. 失敗したと思ってもノートのページを破り捨ててはいけない

1.2 実験ノートを書く意味

Q13 学生のうちは、先生からの指示通り、実験を行っていればよいですか。

A13 それは時と場合によって違うと思います。先生の指示通りに実験した場合、作業をしただけとなります。先生の指示の下で研究・実験を行うとしても、自分で考え、自分の工夫・アイデアで実験を行うべきです。作業しているだけでは、創造力は身に付けることはできませんよ。
特に卒業研究では、先生の指示事項をよく理解し、自分で考えて実験・研究すべきです。

　実験し、実験ノートを書くことで、はじめて知の創造に近づくことができる。
　知の創造は、実験・研究する本人が自分で企画した目的からしか生まれない。教授や先輩が指導してくれることは研究のサポートである。
　教授らの指示する作業を忠実に実験し新規なアイデアが創造されても、本人は作業しただけで発明・発見者にはなれない。
　例えば、2014年のノーベル物理学賞を受けた天野浩名古屋大学教授は、赤崎勇指導教授の下で実験し、青色LEDを発明した。もし、天野教授が、赤崎教授の指示する作業を単に行って青色LED発明にたどり着いただけなら、ノーベル賞受賞者には選ばれていないはずである。
　学生だった天野教授は、窒化ガリウムの結晶化において**試行錯誤**しながら実験を続けることで、成果を収めた。さらに、筆頭著者（ファーストオーサ）で論文発表することで、青色LED発明者としてノーベル財団から認定されたのである。
　研究に没頭し、同じ研究室のメンバーの誰よりも深く研究に専心したからこそ、青色LED発明という知の創造を得たのである。先生から与えられた研究テーマであっても、単なる作業と捕らえず、研究に興味をもち、一生の研究ライフワークとしたのが天野教授である。
　ここで、研究・実験する上で、大切なことを挙げておく。

第1章　実験ノートの書き方

1. 精神的・肉体的に健康なこと
2. 危険な実験をせず安全なこと
3. 保護メガネを掛けること（筆者は常時メガネを掛けなければならない近視で幸いした）
4. テーマが単独のものでも原則1人では実験しないこと
5. 長い反応時間でも実験室を離れないこと
6. 化学薬品の場合、薬品の取り扱い管理をすること
7. 実験したら実験ノートに整理整頓すること

1.3　ノート内でのデータの整理法

　実験ノートの中で、実験中に取得したデータは整理しておく習慣をつける。特に、実験前後で気づいた点が、後で読んでもわかるようにまとめておくことが大事である。実験ノートは書きっぱなしにせず、次につながるように整理することである。

 Q14 見開きページで残した余白ページの使い方を教えてください。

 A14 実験中の実験記録メモは、ナンバリングしたページに記載します。もう一方の白紙ページはいろいろと有効な使い方ができます。測定したデータから発生するグラフや、分析機器からの写真や記録紙チャートなどをはったり、数値の単位換算のメモ書きしたり、などいろいろと上手に使いましょう。

　実験ノートの余白ページを有効に活用したい。例えば、得られた測定値をExcelなどで図表化したグラフを印刷してはり付けたり、写真や計測記録紙などもはり付けたりできる。
　実験の内容によっては、分析機器などで得られる数値や画像の生データ（電子

データ）は、膨大な数であり、可視化した図表は、プリントアウトすればA4サイズで約50枚になることもある。それらをすべてノートにはり付けることはできない。そのような時は、典型的なものだけに絞り、後は電子データの保存フォルダーの所在を明記すればよい。さらに、電子データの場合、そのデータを即時閲覧・確認できるように、タブレットのような携帯用端末を用意しておくとよい。

電子化データで注意したいことは、どんなデータなのかが分かるように明記しておくことである。タブレット端末で、Excelに入力した実験結果の数値を呼び出しても、ただの数値の羅列で表示されるだけで、意味がわからない。

例えば、このデータが統計データ（多変量データ）になる場合なら、x軸（独立変数）とy軸（従属変数）の属性を、データを入力した時点で、必ず見出しに明記することである。後で記述すればよいと後回しにすると、データファイルを開いたとき単なる数値の羅列となり意味不明になる。

それを防ぐには、数値の入力とともに、測定値の単位と、変数の名称を見出しに明記する習性を身に付けることである。

Q15 実験に関連する資料・文献をもらったとき、どうしたらよいですか。

A15 その実験に直接必要なものは、縮小コピーして余白ページにはりましょう。数ページにわたる量の資料や文献は、実験ノートと同じナンバリングをして別ファイルで綴じておくとよいでしょう。ノートのページと資料ファイルのナンバリングが一致していれば、すぐに見つけることができます。同じナンバリングなので検索には便利ですよ。

関連する内容の文献コピーをもらった場合は、情報源の方の名前とそのときの入手経過をメモ書きし、余白にはり付ける。論文成果報告で引用できる文献として利用するために、文献の出典項目を明記する。

実験ノートにA4サイズの大学ノートを用いた場合、A4サイズ以下に縮小コピーをしてはり付けると、分厚くならず便利である。ただ、記載事項が歪むほど小さく

第1章　実験ノートの書き方

縮小コピーすることはよくない。

Q16 実験をするのは大好きですが、文書でまとめるのが苦手です。どうしたらよいですか。

A16 自分の意思で実験をしていると、実験結果に伴って新しくひらめいたり、発見したりすることが出てくるはずです。実験をやりっぱなしにしておくと、実験中に気づいた点も忘れてしまい、ただ、作業しただけとなってしまいます。
実験をして分かったこと（考察）を、余白ページにまとめておきます。レポートを書くとき、考察する事項が明確化します。

　1日の実験が終了したら、結果と考察をまとめる習慣を身に付けるとよい。うまくいった結果と失敗した結果は、できるだけ詳細に記述して、その日のうちにまとめる。
　その日に測定データを整理することで、どのような結論・成果が導き出されたかがわかってくる。そのことを後からでも分かるように記述する。もし結果から不明な問題点もわかれば、それを明記することで今後の課題を明らかにすることもできる。
　実験で得られた大量の測定データは、測定機器からデジタルデータとして出力されることが多いので、そのデータのファイル名やフォルダー名を実験ノートに記述し整理する。
　特に、実験で得られた生データは、その都度、必ずメモするようにしないと、後で記載しようとしたとき、詳細を忘れて書き落とすことがある。
　実験が終了し、結果と考察をまとめるときのコツは、以下のチェック項目を利用するとよい。

- 実験結果から何が分かったのか
- 実験目的は達成したか
- 実験プロトコルはよく作動したか

- 計画した仮説は実証されたか

　これらのチェック項目にこたえたら、「次に行うべき課題は何か」を考察し明記する。実験の後に気づいた点があれば、余白ページに記述する。
　このように、実験ノートをまとめながら考えていくことが大切である。それによって、明日への実験方針が見えてくる。
　見えてきたら次の研究方針も書くとよい。実験後に変更した方が良いプロトコルを発想したときも、書いておく。
　実験に失敗したと判定したときは、なぜそのような結果になったかの根拠を詳細に記述する勇気をもつ。意外と、失敗したときのデータの場合は、そのページを破り破棄したい心情になる。
　あえて実験の失敗を明確に記載することで、予期しない成功へのセレンディピティ（serendipity, 求めずして思いかけないものを発見する能力）が起こりやすくなる。予想外のデータが出た場合、重大な発見につながるかもしれないので、失敗と思わずに明記する。

Q17 実験が大好きなので、実験する楽しみ方を教えてください。

A17 実験を行っている途中で感じられる「ときめき」を楽しみましょう。そして、そのときめきを実験ノートの記載を介して、研究仲間と分かち合いましょう。
実験・研究は一人ではできません。先生、先輩、後輩、関連グループの仲間、などの人達との交流・対話から学術的切磋琢磨が生まれ、それが力となり実験・研究を進めることができます。その進行過程を楽しみにします。失敗も成功も楽しんでください。
実験していることがストレスになるようなら、やるべきではありません。オーバーワークになっているようなら、ポジティブな思考ができるまで一旦休みましょう。

第1章　実験ノートの書き方

　研究は、本来、楽しいものであるし、楽しまなければならない。

　研究を遂行していくといろいろな要素が絡んでくる。研究室での人との関わりや外部との交流、学会・討論会の発表・質疑などは、慣れないとしんどいと思いがちである。しかし、それらを経験することで自分の研究がブラッシュアップされると考えるとよい。

　逆に、交流や発表することを知的にエンジョイしようとする積極的な気持ちを持つことが大切である。

　自分自身で、実験の目的・目標を設定し、試行錯誤しながら実験を続け実験ノートに記載していく毎日を送れば、ついに実験の終了を迎えたときに、達成感が得られるとともに、強靭な心（resilience）が育成される。

　何事もネガティブ思考はいい結果をうまない。心が折れそうなときも、ポジティブに実験・研究を遂行するように心がけよう。

　もし実験することがオーバーワークになれば、精神的にも疲弊しストレスとなり、研究にも集中できない。すると発表内容にも自信が持てなくなる。

　逆に、自らの研究に自信を持ち、自立することで、研究する楽しみも持てる。実験ノートの記入により実験内容の信頼度があがり、他人から信頼を得られるようになれば、充実感や希望が持て、研究をエンジョイすることができる。

　研究は、周りの人たちに支えられているものである。競争原理が働くとすれば、「フェアなマラソン競走」である。関連する研究分野の中で、他人の走り（研究の流れ）を妨害してはいけない。その研究分野のより良いメンバーになり、自由闊達で創造的な研究環境を維持することが重要である。

1.4　実験成果と実験ノートの整合を保つ

　実験で得られた成果は、報告書やレポートとして提出される。提出した際、他人から質疑を受けた場合、実験ノートにその成果の記述が抜けていたりしたため、オリジナルデータ記載にたどり着けない場合は、不正とみなされてしまう。そのため、実験成果と実験ノートとは、整合がとれていなければならない。

　例えば、理研のSTAP細胞事件において小保方ノートが追試できるように精細な実験記載ができていれば、発表後の質疑に対して正当性をもって実験成果を立証できたはずである。

　実験ノートの記載が、明瞭かつ追試できるものでなければ、実験成果との整合は

1.4 実験成果と実験ノートの整合を保つ

なく不正が行われたと判断されても当然である。

Q18 研究・実験が一段落すると、データや資料がたくさんたまってしまいます。そんなときの整合的な整理法を教えてください。

A18 整合的に管理しないと、データや資料はたまる一方です。適宜に整理しないといけませんね。詳しいことは後で回答します。

　一連の研究テーマで収録されたいろいろな資料は、そのまま放置しておくと、てんでんばらばらとなり、しばらくすると不明となってしまう。

　研究テーマに関連する、電子媒体資料やコピー資料、論文（報告書）などのファイルは、いつでも見たいときに即時検索できるように整理されていなければ、意味がない。

　実験ノートは、実験を遂行するときに書き留めておくものである。そのため、実験に関するすべてのデータ及び資料を記載できるほどページ容量を持つものではない。

　そこで、実験ノートを中心にして、実験成果や各データ資料と整合をつけて保管するのがよい。もちろん、要らないものはどんどん捨てることも大切である。

　実験成果は、たとえ保管が要らないと想定されたものでも、どこかに整合をつけて仕舞っておくのがよい。そうすれば、1冊の実験ノートを中心に、研究のデータ、実験情報、背景情報などといった幅広いデータを統合できる。

　記憶力のすぐれた人は、どこに何の資料があり、どう整理されたかを覚えているようである。しかし、筆者のように片付けた後でどこに何を仕舞ったかを記憶しておくのが苦手な者にとっては、実験ノートにあるファイルのナンバリングは、効率的で強力な検索項目となる。

　あらゆる資料を整理した場合、それらがデータベースとなり得るには、検索機能がなければならない。いろいろな情報資料が連結（リンク）できると、効率的な研究データ管理ができる。また、共同研究者とのコラボレーションや情報共有も促進される。

第1章　実験ノートの書き方

Q19 実験ノートのメリットには何があるのですか。教えてください。

A19 実験ノートの記載は実験情報と知的財産という視点で、下記のようなメリットがあります。

実験ノートに記載していれば、研究テーマに関する貴重な情報を有機的に利用することができる。この実験ノートに整合を確保する記載があれば、実験情報と知的財産という視点から下記のようなメリットがある。

実験情報という視点では、次の点がある。

（1）実験者の保護……実験ノートに正確に記載・保管されていれば、信憑性がある
（2）実験の再現性……実験計画、データ、実験メモなどを正確に記載されたものがある
（3）実験の効率化……実験ノートを共有することで効率が上がる

知的財産権とは、知的創作活動を行う研究者に対して「他人に無断で利用できない」ように権利を付与する制度である。知的財産権については後述する（第7章）。

知的財産という視点では、次の点がある。

（1）知的財産権……正確な保存記載で知的財産が保証・保護される
（2）先使用権………先出願・報告によって先に使用する証拠となる
（3）特許権…………特許出願の作成補助資料となる

また、実験ノートが論理的に書かれていれば、論文の作成時に十分に役立てることができる。研究における新しい発見は、過去に分かった事実や論理によって導き出されるものである。知的思考に裏づけされた論理を基にして、新規で独創的な研究成果が生まれる。

実験中に書き記したメモを、実験ノートに論理的に書くように心がけることが大事である。そうすることで、実験ノートを書きながら、研究における論理性を磨くことができる。

研究を最後までやり通すには、実験過程の論理性を重視することである。

1.5 　実験ノートの電子化

　コンピュータ端末を携帯できる情報社会が進めば、紙ではなくブログベースの電子版実験ノートも利用できるようになり、いろいろな実験ノートの書き方が提案されている。

　これまで、大学ノートの実験ノートを作り、後輩にもその大切さを指導してきたが、今後は、実験ノートを電子化しても差し支えない場合も出てくるだろう。そこで、実験ノートを電子化する場合のヒントを紹介する。

Q20 先生は大学ノートでの使用を勧めていますが、電子版実験ノートについてどう対応すればいいですか。

A20 インターネット時代の今日、実験ノートの電子化は大きな課題ですね。後の章でExcelを使う事例を紹介します。

　実験ノートを電子化するときは、ファイルの履歴管理が重要である。後で勝手に改ざんができるものは実験ノートに必要な「真正さ」を保証することができない。そのため、ファイルの履歴管理のできない実験ノートの電子化は推奨しない。

　電子版実験ノートを作成する際は、ファイルフォルダが1冊の綴じ込み方式となるようにナンバリングして、時系列ファイルを構成するように作成するとよい。電子データはバラバラになりやすく、オリジナリティのデータが紛失しないようなリスク回避を工夫する必要がある。

　電子版実験ノートをWordで作成した場合、図8のようにナンバリングをファイル名にすれば、フォルダーの中で時系列に並べてくれる。Excelでもナンバリングをファイル名にすれば時系列でファイル（電子版実験ノート）を整列してくれる。

　実験で測定されたデータが電子データである場合、実験が終わった後、必ず実験ノートで把握できるようにファイリングをすることである。また電子データは、記憶媒体から読めなくなることがあるので、必ずバックアップをとっておく。

第1章　実験ノートの書き方

図8　電子版「実験ノート」のファイル一覧

Q21 レポート作成などでパソコンは使うのですが、Excelをどう活用するのかがよくわかりません。

A21 効率よく論文を書くには、パソコンソフトの三種の神器（Word、Excel、PowerPoint）を駆使できることが必要条件です。学生のうちに、マスターしておきましょう。少なくともExcelについては、データ集計や統計分析を扱うので重要であり、十分に活用できるようにしておきましょう。

Excelを活用して、電子化する方法があるので紹介する。

実験ノートというページ形式を重視し、しかも羅列的な記述をするにはExcelは

－40－

1.5 実験ノートの電子化

便利である。Excelは、行と列で構成されている表（シート：sheet）と、複数のシートがまとめられたブック（Excel文書）で構成され、計算やグラフ作成などで用いる。

Excelの最初のシートを記述のページとし、次のシートを計測データの記述にするとよい。

例えば、3枚のシートにシートの名前を、それぞれ「プロトコル」「計測データ」「結果と計測」のように記入して、実験ノートの1日分のページを図9のように確保する。

そのとき、ファイル名として先に紹介した「日付ナンバリング」を入れ、簡単なキーワードタイトルを付けると、時系列順の電子版実験ノートを作成することができる。

ワークシートの1ページには、図5のような実験のプロトコルを中心にした実験に関する項目を羅列的に記述する。

Excelでは、ワークシートをプリントアウトするとき、1ページごとに縮小印刷できるので便利である。使う文字ポイントのサイズを気にすることなく記入できる。

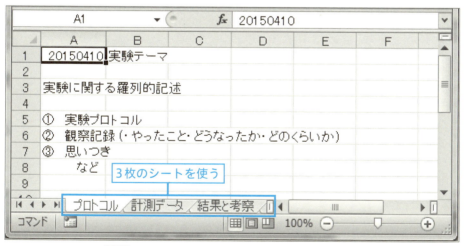

図9 Excelワークシートを使った実験ノート例

ワークシートであっても実験ノートであるからには、実験の遂行とともに、随時メモ書きできるようにスタンバイ状態にし、実験台で記載できるようにする。Excelのさらなる活用法については第3章で詳細を記述する。

第1章　実験ノートの書き方

　以上、実験ノートの書き方についての必要性と重要性を記述した。ノートを取る作業は、「ときめき」を感じた出来事を残す行為である。実験を通してときめく感動（事象）を楽しむようにしてほしい。

---

column　「実験をときめきとともに、遂行するために」

　実験大好きな人にとって、実験を企画・遂行することは楽しみであり、その過程で「ときめき」を共感しながら進行する。その時その時の出来事を克明に記録したものが実験ノートである。

　日常におけるときめきの記録といえば、自分の大好物やごちそうが食卓やレストランのテーブルに並んだとき、思わず、スマートフォンで激写し、記録にとどめる行為がまさにそうである。

　近年、SNS（social networking service）が普及し、激写した映像（写真・動画）をその場でアップする人が多いが、まさにリアルタイムの記録・メモそのものである。

　実験するときも、携帯やスマートフォンでその場の事象をいろどり豊かに記録することは重要な証となる。

　刻一刻と変化する出来事を、その場で即メモをすると、実験ノートには、出来事の真実とともに、その時起きた「ときめき」も記録されているはずである。

CHAPTER 2

第 2 章

文献調査の重要性と進め方

第2章　文献調査の重要性と進め方

　世界各国の研究者同士のコンピュータがネットワークで網の目のようにつながったおかげで、世界中の最新の研究内容を手に入れたり、関係者と情報交換したりなども、自分の研究室にいてできるようになった。

　インターネットは便利ではあるが、その反面、使い方を間違えると思わぬトラブルにつながる。そのため、安全に利用できるように気を配る必要がある。ウェブサイトにアクセスする場合、それらの情報が必ずしも良質なものや正確なものばかりとは限らない。法律や倫理上の問題があることもある。

　従って、ウェブサイトの情報は鵜呑みしないことである。さらに、信憑性を確保できるサイトであるかを判断できる能力を身に付けることである。ここでは、研究に関連する文献調査や情報検索について考える。

2.1　研究・実験テーマを見つける

　研究・実験を始める前に必要な、心構えと準備について考えてみる。

Q1 研究や実験は何から始めればよいのか、教えてください。

A1 実験したいテーマもないのに実験を始めてはいけませんよ。
研究したいテーマや課題を探すことから始めましょう。
まず、研究・実験したいことを見つけることです。
そうすると、自分にしかできないテーマ（アイデア）を見つけることができます。

　自分で研究テーマの位置づけができていないようでは、実験を始められない。自分の研究テーマは、自分自身で既存の資料を十分に調査することが必要である。その際、何をやれば、新規な発明・発見にたどり着けるかという**目的**をもって調べることである。

2.1 研究・実験テーマを見つける

実験・研究を始める前に、大切な心構えを挙げると、以下の3つである。

（1） 提示されたテーマに対し、先入観を抱かず調査し、興味をもって研究する
（2） テーマの背景を一面だけでとらえず、幅広い視野に立って思考する
（3） 自分を活かすこと、自分にしかできないことでテーマを考える

実験・研究を行うのに重要なことは、**先入観を持たない**ことである。先入観でテーマ内容を絞り込んでしまうと、実験結果を失敗としてしまう傾向があり、失敗が成功につながらない。その失敗を違う面から見ることができれば、成功の糸口につながるかもしれない。

先入観や思い込みで、一面しか見ていないと、そのテーマに伴っている二面・三面が見えず思考も広がらないので、こぢんまりとしたものとなってしまう。

研究遂行には、自己分析も必要である。それができないと、自分のやりたいこと、自分を活かせること、自分にしか実現できないことが明確化できないため、研究を通してスキルを身に付けキャリアアップすることができない。

例えば、京都大学の山中伸弥教授の場合、文献を読んでES細胞から体の細胞をつくる研究が進んでいる状況を理解しながら、まったく逆の考えである体の細胞からES細胞が作れないかという発想をしてiPS細胞の研究を進め、ノーベル賞を受賞している。自然科学分野は、いまだにわからないことだらけであり、研究テーマは無限にあるはずである。

Q2 学生実験を履修するとき、どのような点に注意して受講すればよいですか。

A2 実験の前に、実験課題に対して「事前学習」し、それを実験ノートにメモ書きをしておくことと、実験目的を聞かれたとき、きちんと答えられるようにすることです。
長年、学生実験を指導している中で、この2点に対応できている学生のみに実験実習をさせてきました。単位だけ欲しくて受講する手抜き学生には、欠点をつけてきました。

第2章　文献調査の重要性と進め方

　日本の学校では板書の講義が多く、講師の話を聞くという聴講形式（受動的）が多い。

　そのため、自ら進んで手を動かす能動的教科である演習・実験でも、実験手引書（テキスト）を実験室に持ち込み、そのとき初めて開き、実験操作を読みながら実験に取り掛かるという受動的な学生が少なくない。

　筆者は、毎回、実験を始める前に、学生に対し「何をやりたいのか」「なぜ実験を行うのか」を尋ね、学生自身が実験テーマを理解していることを、実験ノートの記述でチェックすることにしている。そして、実験ノートにきちんと事前学習を記入してきた者に対してのみ、演習・実験をさせてきた。

　実験する前に、本人が何をやりたいのか（なぜ実験をするのか）を理解するために、事前調査をしておくことが重要である。

　理工系の学校では、カリキュラムに卒業研究があり、未知との遭遇（知の創造）を研究する機会が用意されている。卒業研究のテーマが決まったら、研究の実態・背景を調べるために、まず図書館の文献室に通い、教授から提案された研究テーマに対して明確な目的・目標を設定し、なぜ研究するのかを考え、それから実験に取り組むのである。

Q3　学生実験を通して何を学べばよいですか。

A3　実験することで、実験中にときめく事柄を楽しむことですね。学生実験の課題・先行知（事実）にいかに触れ、何を会得するかであり、実験に対する素養を身に付けることです。卒業研究でも同じことです。

　学生実験の演習は、既知の1つの課題事実（先行知）に対して、実験・実習を通してどれだけ真値に近づけるか、を目的にする。実験を通して科学事実の創造に触れることが、学生（研究者の卵）の血となり肉となる。そして、身に付けた素養は一生の糧になるのである。

2.1 研究・実験テーマを見つける

 実験する前に、文献調べはどうすればよいですか。

A4 すぐれた先行研究（論文や報文資料）に触れ学ぶことで、知の創造につなげることができます。研究目的は未知との遭遇です。文献を調べることで、知っていることと知らないことをはっきりさせることですね。

　テーマに関連する論文を読まなければ、知の創造につながる研究をすることはできない。すぐれた先行研究（論文や報文資料）に触れるとともに、すぐれた成果の出た研究の追試実験をすることが大切である。

　追試実験は他人の真似ではない。初めて実験する者にとって研究の原点（位置づけ）を教授してくれるものである。先行研究に触れ、知っていることと知らないことを確認することが大切である。他人の成果を利用することで、未知との遭遇、発明・発見を研究する体制を準備することができる。

　先行した研究をレビューすることは、その研究とは違うオリジナリティを見つけるためにも重要である。それ以前の研究に対して、自分の研究がどの程度、何が上積みされているのかを認識している必要がある。研究は思いつきでは前進できない。

　先入観を持って研究を進めると、想定する正解にたどり着かないと失敗と判定してしまう危険がある。失敗と考えず、試行錯誤の過程で落ち込まずに、ポジティブ思考で研究を進めることである。正解は1つと限らない。大きな壁に突き当たったとき、先生や先輩にアドバイスを仰ぎ、壁を打開するヒントをもらうことも大切である。

　さらに現在は、欲しい情報はほとんどインターネットで調べ手に入れることができるので、世界中の電子図書館にアクセスし、正解のヒントを見つける能力を身に付けるとよい。

　大きな壁こそ、正解が1つでないことを暗示していると考えよう。

2.2　インターネットでの検索

　自分が取り組んでいる研究課題に関係する報告・論文については、絶えず目を配り、最新情報を獲得し、オンリーワンのポテンシャルを確保することが必要になる。それを続けないとオリジナル研究としては評価されない。関連する過去の論文を読むことで、その分野における研究の中で、自分の研究がどの位置にあるのかを示してくれる。

Q5 インターネットで研究に関連する論文を探す方法を教えてください。

A5 キーワードで検索すると、ウィキペディアがヒットし、知らない情報を表示してくれます。ウィキペディアは手軽ですが、誤った記述も多いので、疑って信憑性を探ることが大事です。

　インターネットの検索サイトの「Google」や「Yahoo!」で情報検索する場合、ウィキペディア（Wikipedia）がよくヒットする。

　自分の探している関連情報が見つかると、つい真偽を疑いもせず、無条件で利用しがちである。それは、信頼性を損ねるリスクがある。

　ウィキペディアの情報は、研究に関連する情報を無償で手に入れることができるが、中には誤った情報も記述されていることがあるので、研究背景の有無を確かめる意味でも、一度疑って、必ず検証するようにした方がよい。

　検索するときは、ネットによる情報は信憑性に乏しいことを、頭のすみにおいておくと失敗がない。

　もちろん、ネット情報は嘘ばかりではなく、良識をもって発信された情報もたくさんある。そこで、数ある情報から、内容が信頼できる確かな情報かどうかを検証できる能力を身に付ける必要がある。

　そのためには、まず、信用できる発信元かどうかを確認する。信用できる人が発

信元にいるかどうかを判断し、情報の参照元を公式に記載できるものかを確認する。学生であれば、信頼できる先生や先輩が推薦する発信元のサイト情報中から信用できるものを活用する。

次に自分の専門知識を深めておく。自分がよく知る専門分野であれば、検索してさっと読むだけで、有用な情報か誤っている情報かをすぐに判断できるようになる。逆に言えば、自分の知らない分野は検索が難しくなる。

こうしてネット上の信用できるサイトを増やしていき、情報検索力を向上させることが大切である。

Q6 インターネット検索において、注意すべき点を教えてください。

A6 インターネットでの検索した時の注意点は下記のようになります。

インターネット検索は、次の点を注意して活用する。

（1）情報の信憑性を意識する……根拠となる出典先や情報源が明記されていること
（2）情報の更新性を意識する……よく更新される情報は不安定で正しいものでないことが多い
（3）検索サイトを使い分ける……ディレクトリ型（ジャンル別）とロボット型（キーワード検索）の2種類があり、その特性で使い分ける
（4）適切なキーワードを選定する……キーワード検索で知りたいことの核心にヒットするキーワードを選定する

そのほかに、存在しても検索サイトの検索結果には出てこないものや、古いWebページはすでになくなっているものもある。さらに、インターネットが生まれる前のデータや、専門分野によってはインターネットに存在しない情報もあり得ることに注意する。インターネットは、便利であるがまだ万能ではない。

2.3 専門分野のデータベースからの検索

自分が研究する分野で欲しい論文・報告にたどり着くには、検索のコツを身に付けておこう。独り善がりにならず、信頼できる先生や先輩に指導を仰ぎ、検索テーマを絞り込むことが重要である。

文献データベースには、いろいろな種類が用意されている。データベースによって収録されている雑誌の種類や分野が異なり、データベースの構築法も違う。

Q7 専門分野での文献データベースは、どこから発信されていますか。

A7 日本では、国立国会図書館で文献の検索サービスをしています。それにアクセスしてみましょう。

専門分野でのデータベースは、権威のある学会組織がサポートしており、審査された論文の収録から文献情報が発信されている。

日本で科学分野の論文誌のデータベースを構築しているものには、国立国会図書館サーチ（図1）がある。国会図書館だけでなく、公共図書館や多くの学術研究機関が有する情報を提供している。ぜひ活用されたい。

図1 国立国会図書館サーチ

2.3 専門分野のデータベースからの検索

Q8 インターネット検索にGoogleをよく使っていますが、これは論文検索で使えますか。

A8 論文検索に特化した無料検索サイト「Google Scholar」があります。有用な検索サービスなので、使ってみましょう。

　無料の論文検索サイトでは「Google Scholar」（図2）が、Google検索の中で学術論文検索に特化したサイトである。

　図2でキーワード「吉村忠与志」で検索すると、筆者の発表した論文が図3のようにリストアップされる。図3の右側にある［PDF］をクリックするとPDF版の原論文をダウンロードできる。

　英語や他の外国語で書かれた論文の場合はGoogle Scholar（http://scholar.google.com/）では、要約（Abstract）を読むことができ、論文そのものもPDFでダウンロードできるときもある。また、図書館が契約していればWeb of Scienceでも検索できる。

図2　Google Scholarのページ

-51-

第2章　文献調査の重要性と進め方

図3　キーワード「吉村忠与志」で検索した結果（約1,010件検索したものの一部）

 Q9　「J-STAGE」とは何のサービスですか。

　「J-STAGE」は、（独）科学技術振興機構が運営する電子ジャーナル公開システムです。学協会（学会）が発行している学会誌や論文誌の発行を電子化し公開しています。これも役に立ちます。

2.4 検索論文の入手法

　科学技術振興機構のJ-STAGE (https://www.jstage.jst.go.jp/) では、無償で、登録された学会誌からキーワード検索して論文をヒットできる。

　例えば、キーワード「吉村忠与志」で検索すると、図4のように75件が検索された。この場合もPDFの原論文をダウンロードできる。

　2015年にノーベル賞を受賞した大村智氏や梶田隆章氏の論文も収録されているので、検索してみるとよい。

図4　科学技術情報発信・流通総合システムでキーワード「吉村忠与志」検索した結果

2.4 検索論文の入手法

　既に発表されている研究、実験、調査、アイデアなどの文献情報は、他人がこれまで何を研究し、どう考えてきたかを知る手がかりとなるものである。

　他人が行った研究の重複を避け、自分の研究を客観視するためにも、関係のある文献情報を得ることが必要である。

第2章　文献調査の重要性と進め方

そして、欲しい文献がどこに所蔵されているか、雑誌をどのようにして入手するのか、などデータベースの使い方を習得することが必要である。

Q10　検索した論文を手に入れる方法を教えてください。

A10　研究目的を明確化するために、研究背景となる文献情報を手に入れることは必要不可欠です。そのため、学生やこれから研究を始めようとする人は、先行研究を知識にする上で、オンライン検索でヒットした論文を手に入れるスキルを身に付けましょう。文献収集の流れを図5に示します。

必要な論文・資料をオンライン検索し、実験や研究に関連するオリジナル文献に出会えると、是非、読んでみたいという衝動に駆られる。

その場合、オンラインジャーナルにアクセスして、その文献を注文することができる。その際、先行研究の論文の所在先を確認しておく。

文献・論文の書誌事項は、論文の著者名、論題（タイトル）、掲載誌名、巻数、号数、出版年、掲載ページ範囲などである。

引用文献を収集するときの手順を以下に示す（図5）。

① 自分が担当する研究テーマを決定する
② 研究テーマに関する原著論文の文献情報をリストアップする
③ 論文をオンラインで注文・入手して文献情報を解読する
④ その情報を論文作成の際引用し、研究の裏づけをする

なお、論文の中の参考・引用文献の情報量の多さは、サイテーション率（第7章で詳細を記述）に関わってくる。サイテーション率も不可欠な情報源である。

2.4 検索論文の入手法

先行研究の情報の明確化

原著論文の書誌事項の確認

オンライン注文・入手

自分の論文で研究背景に引用

図5 文献の調査・入手・引用の流れ

Q11 検索してヒットした論文はタダで手に入りますか。

A11 検索サービスで無償と書いてあるものはタダですが、有償のものは購入手続きが必要です。

　検索したリンク先が論文を無償で公開している場合は、そのままPDFの論文のフルテキストをダウンロードし、手に入れることができる。

　有償である場合、購入手続きを取ることになる。購入料金は、基本料金＋著作権料（＋郵送料：紙媒体の場合）となることが多い。

　論文は、国会図書館でかなりの割合でヒットし、安価で手に入れることができる。「NDL-OPAC国会図書館蔵書検索・申込システム」（http://opac.ndl.go.jp/）を使用した場合、事前に利用者IDを登録し「雑誌記事索引の検索/申込み」をクリックして、検索・ヒットした論文を申し込めば、その論文のページだけコピーして郵送してくれる。

　NDL-OPACのデータベースを利用した場合、図6のようなトップページから入る。
　ここではゲストログインで入って、キーワード「吉村忠与志」で検索すると、図

第2章　文献調査の重要性と進め方

7のようにヒットした。国立図書館所蔵で142件が新しい論文順に検索された。
　図8にヒット1番目の論文の詳細項目を示す。この検索項目でこの論文が欲しければコピーを注文すればよい。

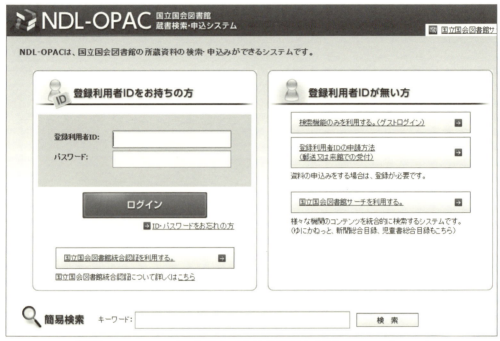

図6 NDL-OPAC（国立国会図書館雑誌記事索引）のトップページ

2.4 検索論文の入手法

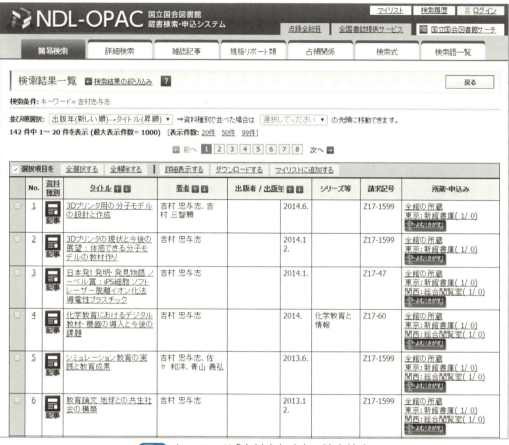

図7 キーワード「吉村忠与志」で論文検索

図8 ヒット1番目の論文の詳細項目

第2章　文献調査の重要性と進め方

　科学技術振興機構（JST）が所蔵する文献資料を手に入れる場合も、事前に利用者登録をすれば入手できる。

 **Q12 国立情報学研究所の「CiNii Articles」では、何が検索できますか。**

A12 「CiNii Articles」は日本国内の和文誌の論文をキーワードで検索し、入手できます。

　日本国内の学協会和文誌の論文の場合、国立情報学研究所が提供するCiNii Articles（サイニイ論文）による雑誌・文献等の検索ができる。
　CiNii Articles（http://ci.nii.ac.jp/）のサービスはアクセスが無料であり、論文の本文へのアクセスが一元化している。ホームページから、「日本の論文をさがす」「大学図書館の本をさがす」「日本の博士論文をさがす」を選択できる。
　検索タブとして「論文検索」、「著者検索」、「全文検索」が用意されており、タブを切り替えて検索ボックスにキーワードを入力し検索できる。
　CiNii Articlesで日本の論文の検索事例として、著者検索を選び「吉村忠与志」と入力したものを示す（図9）。これで検索しヒットしたのが図10である。

図9 CiNii Articlesで日本の論文を検索[著者検索「吉村忠与志」]

2.4 検索論文の入手法

　図10の2番目にヒットした文献に関する詳細事項を図11に示す。さらに、そのPDF論文をダウンローとしたのが、図12である。筆者が学生時代に研究し発表した手書き論文である。この論文はある討論会でのレジメ原稿である。

図10 CiNii収録論文44件がヒットしたリスト

図11 CiNii収録論文で2番目にヒットした論文の詳細事項

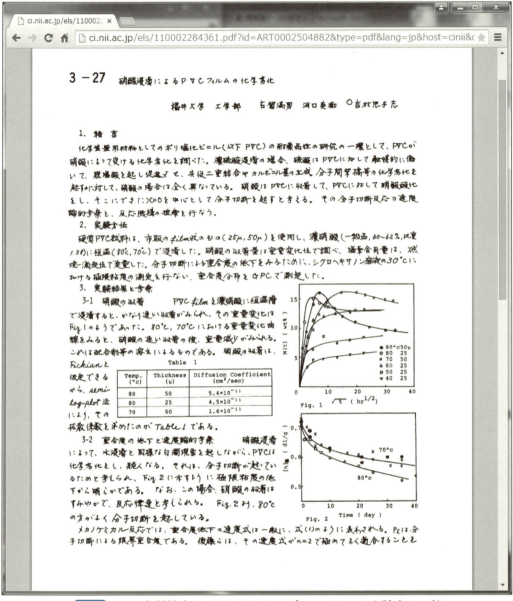

図12 CiNii収録論文のCiNii PDFオープンアクセスした論文の一部

Q13 学生なので、検索でヒットした有償の論文をタダで手に入れることはできませんか。

A13 論文の原著者に直接請求すると快く送ってくれますよ。評価・引用してくれることは研究者にとってうれしいことなので、しりごみせずに、お願いしてみましょう。

　論文を発表した研究者は、その論文が第三者に引用・索引されることを望んで発表している。著者が「大先生」だからとしりごみせず、「当事者にお願いする」のも一手である。インターネットのメールで申し込むとPDF版論文を送ってくれたり、今後の研究発展に助言をくれたりすることもある。

　何事も恐れず、積極的にアプライ（apply）することである。快く送ってくれたときや助言をくれたときは、必ず返信し、お礼を返す心掛けが必要である。

　大学のような学術機関に所属している場合、所属の図書館を通して「文献複写サービス」システムで文献・論文を取り寄せることができる。学術機関の図書館は図書館間相互協力によって、他の機関の所蔵資料の閲覧・貸出・複写サービスなどを受けることができる。

2.5　雑誌会での討論・発表

　最新の研究を推進するために、大学などで雑誌会なる文献ゼミが行われている。この雑誌会で最新の論文を検索し、英語論文の読解力を養っている。

Q14 雑誌会で最新の論文を紹介しなければなりません。英語論文の効率的な読み方を教えてください。

A14 英文で書かれた論文は解読しにくいですね。英語論文の読み方のポイントを下記に示します。

第2章　文献調査の重要性と進め方

　文献ゼミは、各学生が、自分の研究に関連する分野の最新の雑誌を読み、最新の論文を探し出し、グループ内でリストをつくり、それを題材にゼミで報告し討論するものである。

　特に、英語読解学習も兼ねているので、英語論文の読み方や読解のコツを学習する目的がある。

　英語論文の読み方のポイントを挙げると次の点となる。

（1）論文を斜め読みする……冒頭から単文を翻訳しながら読まず、知らない単語が多少あっても、まずザーッと最後まで読みきる
（2）論文の主張・主旨をとらえる……斜め読みによって、論文に記述されているポイントをつかむ
（3）図表を解読する……論文に記載されている図表は、著者が新規に主張したいデータそのものであり、有用な知見を教示している
（4）論文をサポートする参考文献を見る……本文だけでは理解できないこともあり、早めに参考論文を収集し目を通す

Q15　雑誌会で最新論文を紹介するコツを教えてください。

A15　雑誌会で紹介する論文の内容は誰も知らないのですから、聴衆の仲間がその内容を把握できるような資料（レジメ）を準備して報告します。
他人の論文なので、読んでもわからないこと（読解不可能な部分）を仲間に問い、議論の中で明らかにすることですね。質疑には真摯に対応しましょう。

　論文を解読し、雑誌会ゼミで報告するとき、必ず押さえておくべき事項を挙げると次の点になる。

（1）論文の背景を把握する
（2）論文に記載された新規点を理解する
（3）論文に記載されている参考文献を入手し読む
（4）論文を展開する数式や操作の流れをフォローする
（5）論文の概要を発表し、レジメは内容や図表を視覚的に記載する
（6）論文の問題点、自分の意見、今後の展開など、全体をまとめる

研究グループでの発表会・雑誌会では、レジメを簡潔明瞭に書き、数枚の用紙にまとめることが大切である。

長文となる蛇足な文書表現は避けるべきである。レジメを読み上げることはせず、自分の言葉で発表する。

雑誌の最新論文の報告として、

- 具体的に何をしたか。
- その結果がどのようであったか。
- それについてどう考察したか。
- そして、今度どう進めるのか。

以上について図表を交えて明瞭なレジメを作る。今後の課題はできるだけ具体的に記載する。

関連する文献・論文を読み終えた後、整理しておかなければ、次の課題へつなげることができない。それらをどう整理するかが重要である。整理の仕方をまとめると、次のようになる。

（1）文献・論文の内容・概要を実験ノートにまとめ、テーマごとにファイリングする
（2）実験ノートとは別に、文献・論文を保管する
（3）欲しいときに検索・選択できるようにし、不要になった時点で処分する

文献情報はどんどんたまる一方なので、整理手法も大事である。

第2章 文献調査の重要性と進め方

Q16 雑誌会では、自分の研究テーマに関した論文を紹介しますが、自分の研究についてはどう関わればよいですか。

A16 研究グループ内での雑誌会ですから、自分の研究との関連についても当然触れるべきです。紹介論文の先行知を参考にして、アイデアを創出できるかもしれませんね。そのときは、忘れずに引用論文の出典を明記しましょう。

　本人の研究に関しては、自分の研究との関連によって何が明確になったか、何が課題として残ったか、近い将来何が解決できるか、などなどを自分の言葉で説明し、研究経験を通して、何を解決できたかを発表するようにする。

　研究・実験を通して創作された著作物（雑誌・論文など）を無断引用しないために、次の条件がある。論文・報告・著作物を引用する場合の注意点を示す。

（1）対象が公表された著作物であること
（2）自分の記述文と他人の引用文とは明確に区分すること
（3）他人の引用文は自分の記述に対して従関係であること
（4）原文を引用するときはそのまま文意を変えず要約・引用すること
（5）引用したときは出典を明記すること

文献調査のまとめ

- 研究・実験を始める前にアイデア（テーマ）探しが必要である。
- 先入観を持たずに、自分を活かすアイデアを見つける。
- アイデアの探索こそ、文献調査の本質である。

CHAPTER 3

第 **3** 章

実験データの整理・活用法

第3章　実験データの整理・活用法

　実験が進行するにつれ、測定結果など実験データが大量に発生する。実験データは電子データであることが多く、それらをプリントアウトしていると、紙が大量となり、収拾がつかなくなる。

　生の実験データは表計算アプリExcelのワークシート内にとどめておき、実験データをもとに整理した成果である表やグラフを出力し実験ノートにはっておくとよい。このとき、実験ノートに書いた時系列を示す時間や日付データを利用すれば、時間経過や経時を換算するのに便利である。

　また、実験において、必要だと考えられる実験をすべてやると時間とコストがかかる。それを統計処理して実験の回数を減らすための手法が実験計画法である。

　実験計画法を使って、実験の回数やデータの収集方法、分析の仕方などの計画を立て、合理的な実験を遂行することが必要である。

　そこで、実験計画法（分散分析）について学び、さらに、Excelを駆使したデータ処理法（VBAの活用）を身に付けておこう。

3.1　Excelは賢く使う

　大量のデータを扱う研究では、数値データを効率的に扱う（条件検索・並べ替え・抽出グラフ化など）ことが要求される。

　このためExcelをうまく使いこなすことは研究を進める上で欠かせない。学生のうちにその糸口と便利さを修得し、多彩な機能を駆使できるように学習しておくとよい。Excelは、第1章でも触れたが、文書を箇条書きにするときや、報告書を作成するなどにも利用でき便利である。

　しかしその使い方を誤ると、無駄な時間や手間がかかり、効率化とはほど遠いトラップにはまることがある。

　あくまでもExcelの作業時間は減らすようにし、実験や考察の時間は最大限にするようにしたい。苦労してExcelに数値を集めても、その値の意味を考えないと、実験の成果はでない。

3.1 Excelは賢く使う

Q1 Excelの基本機能を教えてください。

A1 ここでは、Excelの機能のすべてを紹介することはできませんが、下のような機能がよく使われます。

Excelの基本機能を大きくわけると5つある。

（1）表計算‥‥‥‥‥‥　計算機能を持つ表・ワークシート
（2）グラフ作成‥‥‥‥　表をもとにグラフの作成
（3）データベース‥‥‥　表・リレーショナル形式のデータベースの作成
（4）データ分析‥‥‥‥　分析ツールを各種用意
（5）図表の作成‥‥‥‥　オートシェイプによる図やチャートの作成

Q2 最初に覚えておくべきExcelの基本操作を教えてください。

A2 Excelは、たくさんのセルが集まってできた一つの表です。そのセルには、数値、文字、関数（数式）、日付・時間を入力することができます。このセルへの入力操作は、マウスより、ショートカットを使うとはるかに効率的にできます。

　実験でPCを使うとき、場所の制約などでマウスを使うことができない場合が多い。このため、Excelを使うときは、キーボードによるショートカットで操作する必要がある。
　以下の実験データを扱う際によく使うショートカットキーは覚えておきたい。

第3章　実験データの整理・活用法

　Excelを操作していると、マウス操作だけでなく、指によるキーボード操作（ショートカット）も大変便利である。以下のショートカット操作をすべて覚える必要はなく、使っているうちによく利用していると、独りでに指が動くようになる。

- [Ctrl]＋[S]⇒保存（作業のたびに保存するクセをつける）
- [Ctrl]＋[1]⇒セルの書式設定（セル内の桁数、フォントなどの設定）
- [Ctrl]＋[Z]⇒やりなおし（操作ミスをもとに戻す）
- [Alt]＋[Shift]＋「＝」⇒合計を計算する（SUM関数入力）
- [Ctrl]＋「：」⇒現在の時刻の入力
- [F2]⇒選んだセルを編集可能にする
- [Ctrl]＋[D]⇒一つ上のセルをコピー
- [Ctrl]＋[R]⇒一つ左のセルをコピー
- [Ctrl]＋「－」⇒セル、行、列の削除
- [Shift]＋[Ctrl]＋「＋」⇒セル、行、列の挿入
- [Ctrl]＋[C]⇒コピー
- [Ctrl]＋[V]⇒ペースト（貼り付け）
- [Ctrl]＋[X]⇒カット（切り取り）
- [Ctrl]＋[space]⇒アクティブセルのある列を選択
- [Shift]＋[space]⇒アクティブセルのある行を選択
- [Ctrl]＋[F]⇒検索
- [Ctrl]＋[H]⇒置換
- [Ctrl]＋[A]⇒全選択
- [Shift]＋[F11]⇒シートの追加
- [Alt]＋[Enter]⇒セル内改行
- [Ctrl]＋[Enter]⇒複数セルに一括入力
- [Ctrl]＋[F2]⇒印刷プレビュー（2007以降）
- [Ctrl]＋[G]⇒指定セルジャンプ（セル選択オプションダイアログ）

3.1 Excelは賢く使う

Excelで条件付き書式とは、どういう機能ですか。

Excelのとても便利な機能の1つです。集めた数値の意味を考えるときなど、条件と比較しやすいようにします。ここでは、条件付き書式を学びましょう。

　実験でよく使う便利な機能の1つが、条件付き書式である。それは、設定した条件によって、その数値を視覚的に確認できるようにセルの書式を変えるものである。
　例えば、表中の合計欄の数値が、設定の数値より低かったり高かったりした場合、文字色を変えると見やすくなる。
　この機能を使うと、データから、何かの関連性や原因を見つけたいときなどは、条件を変えていくことで、気づかなかったことが見えてくることがある。

具体的な活用事例で条件付き書式を教えてください。

表計算の例題として、10名の男女の身長と体重について演習しましょう。

　Excelでは、よく利用される計算に対し多くのワークシート関数が用意されており、それらを上手に利用するテクニックも身に付けることが大切である。演習として、10名の身長と体重を表計算してみる。
　まず、10名の数値をワークシートに入力すると、図1のようになる。セルに数字を入力するときは半角モードに切り替える。

	A	B	C	D	E
1	番号	氏名	性別	身長(cm)	体重(kg)
2	1	青山　善夫	男	163	69
3	2	薗田　治夫	男	174	63
4	3	神田　久治	男	171	68.5
5	4	佐々木真一	男	177.2	68.1
6	5	鈴木　花子	女	159.4	53
7	6	野依百合子	女	160.5	51.2
8	7	羽柴　恵子	女	151.3	42.8
9	8	樋口　麻里	女	159	53
10	9	福井　竹子	女	155	42.1
11	10	平尾　美穂	女	153.3	59.8

図1　10名の身長と体重 ＊1

Excelの初期設定のままでは、数値を入力すると、小数点以下が0の場合に、図1のような整数表示となってしまう（69.0と入力すると、69と表示）。

そこで、身長は4桁で、体重は3桁の有効数字であるので、セルの書式設定で桁数を設定する。先ほど学んだショートカット「Ctrl＋1」で「セルの書式設定」ダイアログボックスを呼び出して「小数点以下の桁数」に桁数を入力する（図2）。結果は図3となる。

ここで、データ中で男女の区別を色分けしたいときは、C列（性別）のセルを色分けすればいいので、ここに条件付き書式を使って、条件に一致するセルの色を変える設定にする。

設定は、図4のように、［ホーム］－［条件付き書式］－［セルの強調表示］－［文字列］の順にクリックすると図5のダイアログボックスが表示されるので、男女の「C列」の「男」を図のように赤系の文字と背景に色設定する。同様に「女」も色指定すればよい。この例では緑系に設定している。

このように、条件付き書式は、大量のデータの中で基準値より上回ったらセルを赤くして目立たせるなど、データを検討するときに使うと便利である。

検討するときは、偏見をもたないでデータを見ることが必要である。規則性や類似性がないかを見ていく。

データの並びの中に潜んでいる「何か」に気づくことが、新しい発見につながる。

＊1　本書のWebサイトのサポートページからダウンロードできます（ZIP形式）。
（サポートページ）⇒http://gihyo.jp/book/2016/978-4-7741-8069-4

3.1 Excelは賢く使う

図2 「セルの書式設定」は Ctrl + 1 を使う

図3 有効数字（小数点以下1桁）の桁そろえ

第3章　実験データの整理・活用法

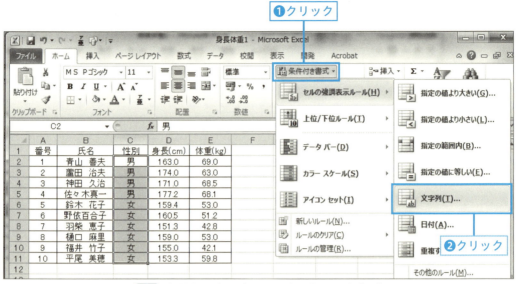

図4　条件付き書式（セルの強調表示→文字列）

図5　文字列で「男」を赤系の文字・背景に指定

Q5 エクセルの関数と数式の使い方についても教えてください。

A5 身長と体重の平均の計算は「AVERAGE()」という関数を使います。ここでは、身長と体重から数式を組んで、肥満指標BMIを求めましょう。

　表計算の基本として、四則演算（足し算「＋」・引き算「－」・掛け算「*」・割り算「/」）が使える。

　セルに数式を入れる場合、イコール「＝」をセルに入力すると、数式入力の合図となる。「＝」の後にセルの番地と四則演算記号を組み合わせて計算式を入力する。足し算なら「＝D2＋E2」、掛け算なら「＝D2*E2」のようになる。

　10名の身長の平均を関数「AVERAGE()」を使って求めたのが、図6である。セルD12に図のように「＝AVERAGE(D2:D11)」と入力する。同様にして、体重の平均も計算する。セルD12に入力した関数を、セルE12にドラッグコピーすればよい。

　数式の入力の例として、BMIを計算してみる。身長と体重からBMI指標を求めるため、図7のように、BMIの式をセルF2に入力する。100で割ることで身長の単位をcmからmに変換していることに注意する。

$$BMI = \frac{(体重(kg))}{(身長(m))^2}$$

　セルF2に数式「＝E2/(D2/100)^2」を入力したら、オートフィル機能を使って下方向へドラッグコピーし、10名のBMI指標を算出する（図8）。

第3章　実験データの整理・活用法

	A	B	C	D	E	F
1	番号	氏名	性別	身長(cm)	体重(kg)	
2	1	青山　善夫	男	163.0	69.0	
3	2	蘆田　治夫	男	174.0	63.0	
4	3	神田　久治	男	171.0	68.5	
5	4	佐々木真一	男	177.2	68.1	
6	5	鈴木　花子	女	159.4	53.0	
7	6	野依百合子	女	160.5	51.2	
8	7	羽柴　恵子	女	151.3	42.8	
9	8	樋口　麻里	女	159.0	53.0	
10	9	福井　竹子	女	155.0	42.1	
11	10	平尾　美穂	女	153.3	59.8	
12		平均		=average(D2:D11		①入力
13				AVERAGE(数値1, [数値2], ...)		

図6　身長の平均値を「AVERAGE関数」をセルD12に入力して求める

	A	B	C	D	E	F	G
1	番号	氏名	性別	身長(cm)	体重(kg)	BMI指標	
2	1	青山　善夫	男	163.0	69.0	=E2/(D2/100)^2	
3	2	蘆田　治夫	男	174.0	63.0		
4	3	神田　久治	男	171.0	68.5		②入力
5	4	佐々木真一	男	177.2	68.1		
6	5	鈴木　花子	女	159.4	53.0		
7	6	野依百合子	女	160.5	51.2		
8	7	羽柴　恵子	女	151.3	42.8		
9	8	樋口　麻里	女	159.0	53.0		
10	9	福井　竹子	女	155.0	42.1		
11	10	平尾　美穂	女	153.3	59.8		
12		平均		162.4	57.1		

図7　BMI指標の計算式の入力（セルF2に入力）

F2　fx　=E2/(D2/100)^2

	A	B	C	D	E	F
1	番号	氏名	性別	身長(cm)	体重(kg)	BMI指標
2	1	青山　善夫	男	163.0	69.0	25.97012
3	2	蘆田　治夫	男	174.0	63.0	20.80856
4	3	神田　久治	男	171.0	68.5	23.42601
5	4	佐々木真一	男	177.2	68.1	21.68801
6	5	鈴木　花子	女	159.4	53.0	20.85928
7	6	野依百合子	女	160.5	51.2	19.87558
8	7	羽柴　恵子	女	151.3	42.8	18.69674
9	8	樋口　麻里	女	159.0	53.0	20.96436
10	9	福井　竹子	女	155.0	42.1	17.52341
11	10	平尾　美穂	女	153.3	59.8	25.44584
12		平均		162.4	57.1	

図8　セルF2をドラッグコピーして、BMI指標の計算を求める

3.2 散布図と統計処理の活用

	A	B	C	D	E	F
1	番号	氏名	性別	身長(cm)	体重(kg)	BMI指標
2	1	青山　善夫	男	163.0	69.0	26.0
3	2	蘆田　治夫	男	174.0	63.0	20.8
4	3	神田　久治	男	171.0	68.5	23.4
5	4	佐々木真一	男	177.2	68.1	21.7
6	5	鈴木　花子	女	159.4	53.0	20.9
7	6	野依百合子	女	160.5	51.2	19.9
8	7	羽柴　恵子	女	151.3	42.8	18.7
9	8	樋口　麻里	女	159.0	53.0	21.0
10	9	福井　竹子	女	155.0	42.1	17.5
11	10	平尾　美穂	女	153.3	59.8	25.4
12		平均		162.4	57.1	

図9　セルの書式設定で、BMI指標の数値を3桁にそろえる

　図8のようにBMI指標が計算されるが、セル内の数値は7桁表示になるので、有効数字を考えて、図9のように3桁にまとめる。

3.2　散布図と統計処理の活用

　データ入力された表があれば、それをグラフ化してそのプロット状況を観察することができる。このデータのプロットから、統計的な考察をすることがある。

Q6　グラフの選び方と使い方を教えてください。

A6　グラフはExcelのリボン「挿入」から選択します。主軸が氏名のような文字項目の場合、棒グラフや折れ線グラフが適しています。

　図3の身長と体重データからグラフを作成する。氏名に対して身長と体重を表示するグラフには、棒グラフか、折れ線グラフを用いるとよい。ここでは10名に対する身長と体重の表示に、横棒グラフを作成する。

第3章　実験データの整理・活用法

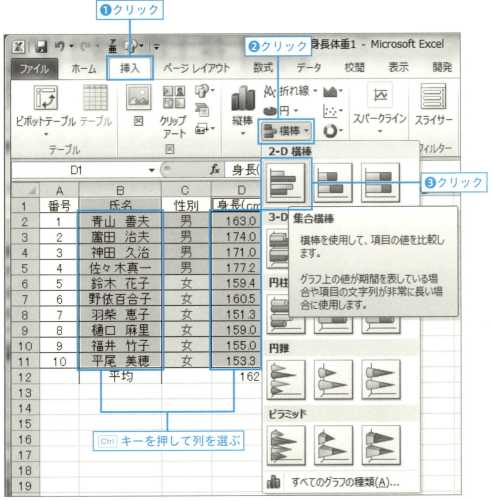

図10　身長と体重の表示の横棒グラフの設定

　図10で横棒グラフを描くために利用する数値列は、シートの「B列氏名」と、「D列身長」、「E列体重」を設定する。普通にB列からE列までマウスドラッグしてセルの範囲を指定すると列がつながってしまいC列も指定されてしまう。

　そこで、2カ所以上の離れた列や行を指定するときは、1カ所目をクリックしたら、2カ所目からCtrlキーを押したままで使う列をクリックすると、図10のようにB列とD列の選択ができる。

　グラフ作成のための数値を選択したら、［挿入］－［グラフ］－［横棒］－［2-D横棒］を選び、設定すると、図11のような横棒グラフができる。

　軸のラベル「身長（cm）、体重（kg）」を挿入するには、［レイアウト］－［軸ラベル］－［主横軸（H）］を選び、文字入力する（図11）。

3.2 散布図と統計処理の活用

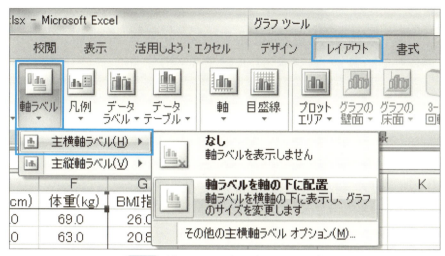

図11 軸ラベルの変更（Excel2010）

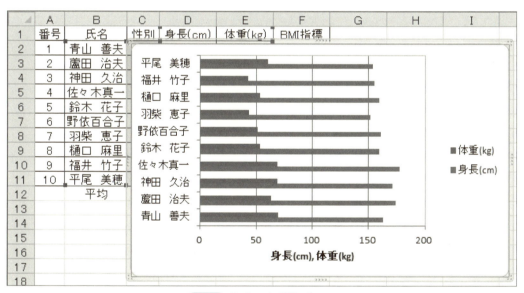

図12 作成した横棒グラフ

第3章　実験データの整理・活用法

 **Q7** 身長と体重の関係をプロットするには、どのグラフを選べばよいですか。

A7 実験データの関係を表すプロットは、散布図が有効です。散布図には、統計処理のできる「近似曲線」を追加できます。

　実験データをまとめるときは、数値軸のグラフの散布図をよく利用する。ここで、10名の身長と体重の関係を散布図で表す。身長と体重の列を選択し、［挿入］－［グラフ］－［散布図］から選ぶと図13のように散布図を作成できる。

　散布図なので、分布状態をみるために近似曲線を追加する。分布状態を統計処理するツールが、散布図を作成すると現れる［グラフツール］メニューにある。

　図14のように［グラフツール］－［レイアウト］－［分析］にある［近似曲線］－［線形近似曲線］[*2]を選べば、図15のように身長と体重に関する近似曲線を表示する。

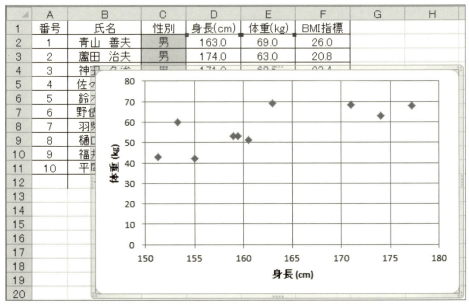

図13 身長と体重の散布図

＊2　Excel2016で近似曲線を表示するには、散布図を選んでアクティブにし、［グラフツール］－［デザイン］－［グラフ要素を追加］の中にある［近似曲線］－［線形］を選ぶ。

3.2 散布図と統計処理の活用

　図14で示すように、「線形近似曲線」以外にも「指数近似曲線」、「線形予測近似曲線」などがメニューに用意されている。

　近似曲線の数式を散布図に表示するには、図14の［近似曲線］のメニュー一番下にある［その他の近似曲線オプション］を選ぶと、図16のような「近似曲線の書式設定」ダイアログが現れるので、「近似曲線のオプション」から「グラフに数式を表示する」と「グラフにR-2乗値を表示する」をクリックする。

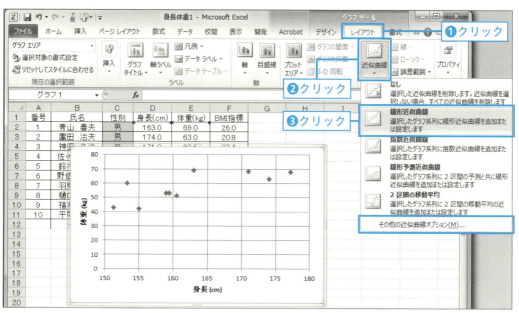

図14 散布図に近似曲線を追加する（［線形近似曲線］）

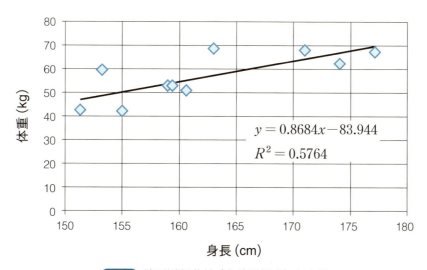

$y = 0.8684x - 83.944$

$R^2 = 0.5764$

図15 線形近似曲線（直線回帰式）を表示

第3章 実験データの整理・活用法

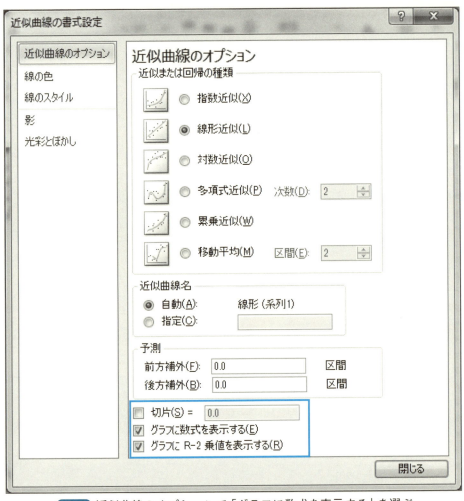

図16 近似曲線のオプションで「グラフに数式を表示する」を選ぶ

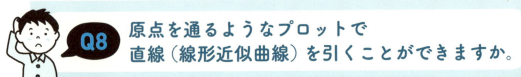

Q8 原点を通るようなプロットで直線（線形近似曲線）を引くことができますか。

A8 「近似曲線の書式設定」の予測で切片をゼロ（0）にすればグラフに原点を通る直線回帰式を表記してくれます。

　図14の10名の身長と体重に関する散布図で、直線回帰式が原点を通るような分布の場合、図16の「近似曲線のオプション」で、「切片」をクリックし☑を付けて

-80-

0の原点とすればよい。「近似曲線のオプション」では、近似曲線の種類が6つ用意されている。

Q9 Excelで重回帰分析をすることができますか。

A9 アドインプログラムの分析ツール「回帰分析」を使うとできますよ。
重回帰分析をすると、未知の条件において予測することができます。それは重回帰式で表されます。

　Excelには統計処理できる「分析ツール」がアドインプログラムとして用意されている。利用するには、最初にアドインプログラムを読み込んでおく[*3]。

　ここでは、「データ分析」に用意されている分析ツール「回帰分析」を使ってみる。
　まず、分析対象となるデータを用意する。ここではある河川流域の水質調査から得た「水質指標データ」[*4]を使用する（表1）。
　BOD（ppm）を「従属変数」として、COD（ppm）、SS（ppm）、TOC（ppm）の3つの「独立変数」による重回帰分析を行う。
　図17のように［データ］－［データ分析］を選び、「回帰分析」のダイアログボックスを設定（図18）すると、重回帰分析した結果が、セルA19以下の行に出力される（図19）。

[*3] アドインの読み込みは、以下の順番でクリックして設定する。
［ファイル］－［オプション］－［Excelのオプションダイアログ］－［アドイン］－［アドイン一覧］－［アクティブでないアプリケーションアドイン］－［分析ツール］を選び［設定］をクリックする。すると［データ］タブの［分析］で［データ分析］が使えるようになる。一緒にソルバーやVBAも設定しておく。

[*4] 本書のWebサイトのサポートページからダウンロードできます（ZIP形式）。
（サポートページ）⇒ http://gihyo.jp/book/2016/978-4-7741-8069-4

第3章 実験データの整理・活用法

表1 ある河川流域の水質指標データ

No.	BOD (ppm)	COD (ppm)	SS (ppm)	TOC (ppm)
1	8	95	36	67
2	11	45	20	53
3	13	55	33	64
4	150	59	60	170
5	23	96	12	78
6	25	76	14	61
7	58	82	9	180
8	8	23	10	33
9	48	84	35	57
10	84	200	280	130
11	98	69	9	43
12	72	62	12	53
13	44	22	9	40
14	140	160	110	240
15	41	63	28	40
16	54	140	15	130

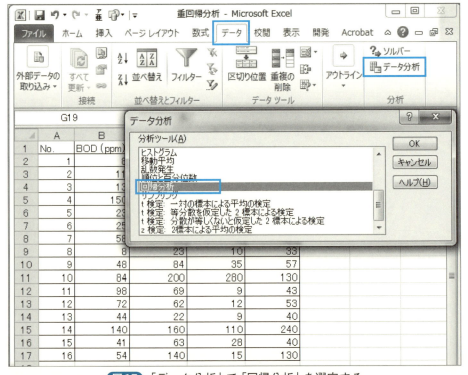

図17 「データ分析」で「回帰分析」を選定する

3.2 散布図と統計処理の活用

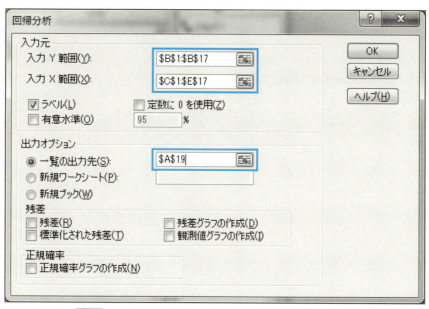

図18 「回帰分析」のダイアログボックスを設定する

19	概要					
20						
21	回帰統計					
22	重相関 R	0.7212227				
23	重決定 R2	0.5201622				
24	補正 R2	0.4002028				
25	標準誤差	34.430462				
26	観測数	16				
27						
28	分散分析表					
29		自由度	変動	分散	観測された分散比	有意 F
30	回帰	3	15420.957	5140.3191	4.3361509	0.027431
31	残差	12	14225.48	1185.4567		
32	合計	15	29646.438			
33						
34		係数	標準誤差	t	P-値	下限 95%	上限 95%
35	切片	21.180628	20.3233	1.0421845	0.3178683	-23.1	65.46129
36	COD (ppm)	-0.28866	0.3305244	-0.873339	0.3996179	-1.00881	0.431491
37	SS (ppm)	0.2040419	0.2008362	1.0159616	0.3296946	-0.23354	0.641626
38	TOC (ppm)	0.5428209	0.1847417	2.9382696	0.0124118	0.140303	0.945338

図19 重回帰分析の結果 （□内は重回帰係数）

このときの重回帰式は、図19の回帰係数値より、

BOD = 21.18 − 0.288 × COD + 0.204 × SS + 0.543 × TOC

となった。この重回帰式によって、未知のBOD値を予測することができる。

3.3 最適解ツールの活用

実験データから計算をするとき、方程式を解いたり、連立方程式を解いたりする場合がある。このとき、手計算よりも、最適解を求めるExcelのツールである「ゴールシーク」と「ソルバー」を使うと簡便である。

求める変数が一つの方程式はゴールシークで解き、複数の変数を求める連立方程式は、ソルバーで解く。ここでは、それらを使った演習を行う。

Q10 Excelのゴールシークの使い方を教えてください。

A10 ゴールシークは、方程式を解くのに用います。二次方程式を解くときは、解が2つあることがあるので、どの辺に解があるか、前もってグラフを描いて予測し、初期値を設定することが必要です。

まず、次のような物体の等加速度運動について考える。

水平な面上を質量mが3.2 kgの物体を、初速度v_0 1.8 m/sで滑らせると、1.9 mまで滑って止まった。このときの物体が静止するまでの時間sと等加速度aを求める。ただし、重力加速度gは9.8 m/s^{2}とする。この場合に必要な数式は次の式となる。

$$F = \frac{1}{2}mv_0^2 \Big/ L$$
$$f = F/mg$$
$$s = \frac{2L}{v_0} = v_0 t + \frac{1}{2}at^2$$

ただし、Fは摩擦力で、fは摩擦係数でLは移動距離である。

3.3 最適解ツールの活用

静止時間 s は、変数 L と v_0 から求められるが、等加速度 a は数値解なのでゴールシーク[*5]で求める。

図20のように、問題のデータと数式を設定する。セルE8に数式を入力し、ゴールシークで解く。加速度の初期値に $1\mathrm{m/s^2}$ とする。

入力する二次方程式は、物体が静止するまでの時間式で、次のように入力する。

　　セルE8の数式＝B4*B8+B9*B8^2/2-2*B5/B4

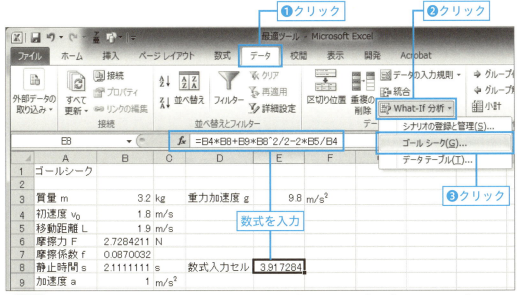

図20 データとセルE8に数式を設定し［データ］－［What-If 分析］－［ゴールシーク］を選ぶ

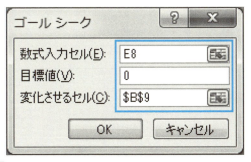

図21 ゴールシークのダイアログボックスでセルを設定

---

*5 ゴールシークは、入力した計算式の結果を先に決め（ここでは0）、その結果を得るのに最適な変数を計算する。

第3章　実験データの整理・活用法

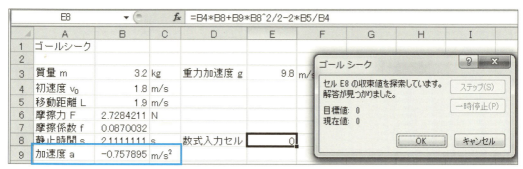

図22　ゴールシークの結果

　図21のようにセルを設定し実行すると、図22のような結果となった。等加速度は「−0.758m/s²」となった。

 Excelのソルバーの使い方を教えてください。

 ソルバーは連立方程式を解くのに用います。方程式が何元にも連立するときはたいへん便利です。

　連立方程式の問題を、アドインプログラムのソルバー[*6]で解いてみる。
　ここでは、モル吸光度を測定し濃度を決定する。3成分混合溶液の各成分の濃度を決定するために、赤外線吸収スペクトルを用いて表2のようなモル吸光度を測定した。これより各成分の濃度を求める。

表2　波長に対する各成分の吸光度

波長（μm）	C_1	C_2	C_3	E
12.23	0.5260	0.0167	0.0100	0.0120
12.77	0.0323	0.0333	0.3480	0.1223
13.45	0.0265	0.4140	0.0244	0.0230

*6　ソルバーは、Excelのアドインとして追加する機能。追加は、［ファイル］−［オプション］−［Excelのオプション］ダイアログ−［アドイン］のリストから「ソルバー」を選び「設定」ボタンをクリックする。使用するときは、リボンメニューの［データ］−［分析］−［ソルバー］を選ぶ。

3.3 最適解ツールの活用

吸光度はランバート・ベールの法則により、吸光度 E は各成分の濃度 C_i とそのモル吸光度 a_i との積で表される。ゆえに、下記のような3元連立方程式が成立する。

$$\begin{cases} a_{11}C_1 + a_{12}C_2 + a_{13}C_3 = E_1 \\ a_{21}C_1 + a_{22}C_2 + a_{23}C_3 = E_2 \\ a_{31}C_1 + a_{32}C_2 + a_{33}C_3 = E_3 \end{cases}$$

ソルバーで解くために、3元連立方程式の数式を図23の目的セル「C7:C9」に以下のように設定する。

　セルC7に「=B3*B7+C3*B8+D3*B9−E3」
　セルC8に「=B4*B7+C4*B8+D4*B9−E4」
　セルC9に「=B5*B7+C5*B8+D5*B9−E5」

解として求める各成分の濃度を変化セル「B7:B9」に設定し、その初期値を「0.1」とする。ソルバーを起動し、図24のようにダイアログボックスを設定し、実行する。

図24で「解決」ボタンをクリックすると、図25のような結果となり、各成分の濃度は、0.0151(mol/L), 0.0341(mol/L), 0.347(mol/L) と求められる。

	A	B	C	D	E
1	ソルバー				
2	波長(μm)	C_1	C_2	C_3	E
3	12.23	0.5260	0.0167	0.0100	0.0120
4	12.77	0.0323	0.0333	0.3480	0.1223
5	13.45	0.0265	0.4140	0.0244	0.0230
6		変化セル	目的セル		
7	$C_1=$	0.1000	0.04327		
8	$C_2=$	0.1000	−0.08094		
9	$C_3=$	0.1000	0.02349		

図23　ソルバーで解くためにセルにデータを入力する

第3章　実験データの整理・活用法

図24　ソルバーのダイアログボックスを設定する

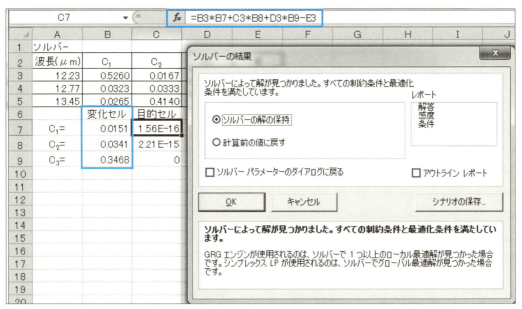

図25 ソルバーによる結果

3.4 実験計画法の活用

実験を行う際、研究解明に必要なデータを収集するためにサンプリングを行う。実験ベースとなる水準を見つけるために、複数の因子の水準から見逃しのないように実験条件の組み合わせを考える。そのときに用いるのが実験計画法である。

 実験計画法で、何ができるのかを教えてください。

A12 実験計画法とは、実験においてデータを集めるときに、要因のサンプリングを計画する方法です。効率のよい実験を計画し適切に実験結果を解析することができます。

実験計画法は、農業技師フィッシャー（Ronald A. Fisher）が考案したものである。彼は、大量のデータを得ればわかるはずの真値を統計処理で推定することができると考え、ランダム化比較実験という方法論を展開した。

第3章　実験データの整理・活用法

　農業試験において農薬、肥料、土壌などの要因が農作物の収穫量に対してどのような影響を与えるのかを客観的に把握するために開発された統計的手法である。

　この手法は実験を行う前に計画をするためのものであり、研究・実験の業務に必要な情報を効率よく収集することができる。実験結果は再現性良く信頼できるものでなければならないという意味で、実験前の実験計画は大事である。

　実験計画法には3つのステップがある。

（1）何をするのか……実験における原因系、現象系、結果系の3つに分類・整理する
（2）要因と影響に関して効率よい測定の手順を考える……無限に実験回数を行わず、回数を減らしながらも、すべて行ったものと同等の成果が得られるように計画する
（3）要因の影響度を定量化し評価する……要因による影響であることを「分散分析」で評価する

　実験結果に影響を与える原因を要因といい、要因のうちで実際に実験に用いるものを「因子」と呼ぶ。実験結果の測定値を特性値という。

　因子の影響度を測るために割り当てた基準値（因子に関する設定条件）を「水準」と呼ぶ。例えば、因子が「硫黄含有率」の場合、水準A（含有率A）、水準B（含有率B）のように設定すると、因子に関する条件が2つの水準に割り当てられることになる。

　実際の測定で得られた特性値には、水準ごとに、ばらつきがある。そのばらつきを評価するために平均値、分散、標準偏差が定義されている。

　ばらつきには、誤差による変動と、要因の変化による変動がある。そこで誤差によるばらつきを示す分散と、意味のある要因によるばらつきを示す分散に分けて、分散比を求める。その比によってF分布を利用し、意味のある要因による変化が、誤差に比べて十分大きければ、要因による変化があると判定する。この方法が分散分析である。

　分散分析は、要因の数により、一元配置、二元配置、多元配置がある。

3.4 実験計画法の活用

Q13 Excelに3つの分散分析が用意されていますが、どの場合にどれを使うのかを教えてください。

A13 実験の変動要因が実験結果に対して、どのような影響を及ぼすものかを有意水準5%で有意差がないと仮説を立てて、分散分析を行います。実験結果に影響を与えると考えられる要因とそれに含まれる水準を考え、Excelでは3つの分散分析が用意されています。

　実験計画法には、1つの因子の水準とその影響を判定するために一元配置があり、2つの因子の場合は二元配置、3つ以上の因子の影響を判定するのに多元配置がある。実験には必ず誤差が入るが、繰り返し測定により誤差を減らすことができる。
　Excelには、次の3つの分散分析が用意されている。

（1）一元配置
（2）繰り返しのある二元配置
（3）繰り返しのない二元配置

　これら3つの分散分析は「分析ツール」の中にある。Excelでは2つの水準の二元配置実験までしかできない。3つ以上の水準に対しては、多元配置実験を行うことになるが、Excelでは用意されていないので、直交表を用いて実験回数を減らす方法を取ることになる。
　因子数が増えると実験数が等比級数的に増大し、膨大な実験数をこなすことは現実的ではない。ここでは、Excelで用意されている範囲に止め、さらなるものについては専門書に委ねる。

第3章 実験データの整理・活用法

Q14 一元配置の分散分析の使い方を教えてください。

A14 一元配置の分散分析は、3つ以上の平均値の差を検定する手法です。1つの要因の効果を調べるために3つ以上の条件群（水準）で、分散（データのばらつき）を検定します。

まず、一元配置を演習する。

3つの硫化物から硫黄の含有率を調べたところ、表3[*7]の特性値を得た時、有意水準5%で成立するかを分析する。仮説の有効性を調べる。実験の繰り返しは5回である。

表3 硫黄の含有率（wt%）

実験番号	硫化物1	硫化物2	硫化物3
1	48	55	60
2	56	64	56
3	60	59	64
4	51	59	59
5	53	50	53

図26のように硫黄の含有率データを入力し、「分析ツール」[*8]から「一元配置」の分散分析を選ぶ。「分散分析：一元配置」のダイアログボックスで、図27のように設定しOKをクリックする。分散分析結果がセルA9以下の行に計算される（図28）。

この分散分析の結果から、F境界値が3.885で、期待された分散比が1.460と小さくなったので、硫化物という水準での仮説は有意差がないことで成立した。

[*7] 本書のWebサイトのサポートページからダウンロードできます（ZIP形式）。
（サポートページ）⇒ http://gihyo.jp/book/2016/978-4-7741-8069-4
[*8] 分析ツールはアドインプログラムとして事前に読み込んでおく。

3.4 実験計画法の活用

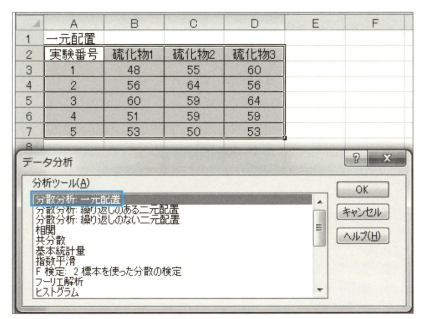

図26 データの設定と「一元配置」の分散分析

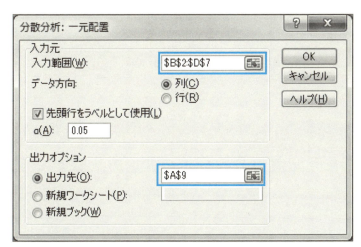

図27 「一元配置」分散分析のダイアログボックス設定

第3章　実験データの整理・活用法

	A	B	C	D	E	F	G
1	一元配置						
2	実験番号	硫化物1	硫化物2	硫化物3			
3	1	48	55	60			
4	2	56	64	56			
5	3	60	59	64			
6	4	51	59	59			
7	5	53	50	53			
8							
9	分散分析: 一元配置						
10							
11	概要						
12	グループ	標本数	合計	平均	分散		
13	硫化物1	5	268	53.6	21.3		
14	硫化物2	5	287	57.4	27.3		
15	硫化物3	5	292	58.4	17.3		
16							
17							
18	分散分析表						
19	変動要因	変動	自由度	分散	観測された分散比	P-値	F 境界値
20	グループ間	64.13333	2	32.06667	1.459788	0.270738	3.885294
21	グループ内	263.6	12	21.96667			
22							
23	合計	327.7333	14				

図28 「一元配置」分散分析の結果

Q15 二元配置の分散分析の使い方を教えてください。

A15 二元配置の分散分析は、2つの因子間で交互作用があるか、特性値に因子がどう影響しているかを調べます。

因子間に3つ以上の因子があれば繰り返しのある二元配置の分散分析を行い、無い場合は繰り返しのない二元配置の分散分析を行います。

三元配置以上の分散分析はExcelでは用意されていないので、直交表を用いる多元配置を行いますが、ここでは省略します。

次に、二元配置を演習する。

2つの因子A, Bに関して測定された化合物の含量 (wt%) のデータを表4に示す。繰り返しのない二元配置の分散分析によって、有意水準5%で成立するかを調べる。

二元配置は、二つの因子が存在するので、因子同士が交互作用しているかを確認する必要がある。因子間で交絡していれば、交互作用があると判定する。

表4 2つの因子間の特性値 (wt%)

因子	A_1	A_2	A_3	A_4
B_1	52.04	52.06	51.72	51.84
B_2	52.28	51.78	51.62	51.64

表4データから、因子Aに対して因子Bを折れ線グラフでプロットすると、因子Aと因子Bとの間で折れ線が交絡していることが分かった (図29)。これによって2つの因子間で交互作用があることがわかる。

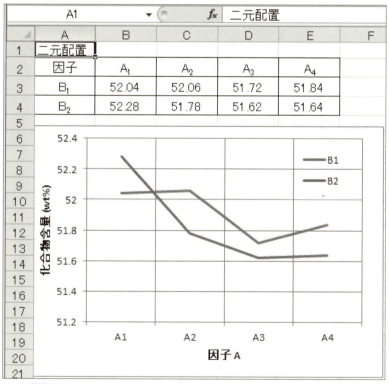

図29 二元配置のデータの設定と因子間の折れ線グラフを表示

第3章　実験データの整理・活用法

　表4を見ると、繰り返しがないので、図30に示すように「繰り返しのない二元配置」分散分析を行う。「分析ツール」から「繰り返しのない二元配置」を選び、「分散分析：繰り返しのない二元配置」のダイアログボックスで図31のように設定すると、セルA22の行以下に分析結果が図32のように出力される。

　変動因子は行（B）で、F境界値10.13となり、観測された分散比0.5519は小さく分析された。列（A）の因子で、F境界値9.277となり、観測された分散比3.653は小さく分析された。2つの因子ともに観測された分散比が小さく分析されたので、いずれの因子においても有意差がなく、仮説は成立した。

図30　「繰り返しのない二元配置」分散分析

図31　「繰り返しのない二元配置」分散分析の設定

図32 「繰り返しのない二元配置」分散分析の結果

3.5 Excelを駆使したデータの処理法

実験データの整理にExcelを利用した場合、表計算、統計処理（散布図）、最適解ツール、分散分析（実験計画法）、などの活用を記述してきた。

Q16 Excelを用いていろいろと計算手法を学んできましたが、標準装備されていない計算手法を使いたいとき、どうすればよいですか。

A16 ExcelにはVBAが用意されていますので、VisualBasicでプログラミングができます。VisualBasicの文法を知っていれば、実行したい計算手法をプログラミングすることによってどんな数値計算でもできます。
その文法は簡単なので、すぐマスターできます。
やってみれば簡単ですよ。

第3章 実験データの整理・活用法

Excelで標準装備されていない数値計算を行いたい場合、Excel装備VBAエディターでプログラミングすれば、自分で立てた数式によって、データ処理をすることが可能となる。Excelでさらに高度なデータ処理を行うために、まずVBA[*9]を使って簡単なプログラムを組み、数値計算してみよう。VBAプログラミング法の詳細は専門書に任せるとして、簡単なものを演習する。

例題として、ラグランジュ補間により、エタノール水溶液の粘度（cP）の補間値を求める。エタノール水溶液の粘度の基礎データは表5のとおりである。ラグランジュ補間は、互いに異なる点（測定点n個）をすべて通る関数、n次元多項式が与えられ、それを用いてデータの補間点を求めるものである。

表5 エタノール水溶液の粘度の基礎データ

濃度（wt%）	粘度（cP）
10	1.16
20	1.55
30	1.87
50	2.02
60	1.93
70	1.77
80	1.53
90	1.28
100	1.00

ラグランジュ（Lagrange）の補間公式は、

$$y = \sum_{i=1}^{n} y_i \frac{(x-x_0)(x-x_1)\cdots(x-x_{i-1})(x-x_{i+1})\cdots(x-x_n)}{(x_i-x_0)(x_i-x_1)\cdots(x_i-x_{i-1})(x_i-x_{i+1})\cdots(x_i-x_n)}$$

である。

まず、表5の粘度データをシートに入力し、データ数nを9とした。データの補間したいエタノール濃度は42 wt%とすると、図33のようにセルA13に42と入力する。

[*9] VBAはアドインプログラムとして事前に読み込んでおく。

3.5 Excelを駆使したデータの処理法

	A	B
1	ラグランジュ補間	
2	データ数n=	9
3	濃度(wt%)	粘度(cP)
4	10	1.16
5	20	1.55
6	30	1.87
7	50	2.02
8	60	1.93
9	70	1.77
10	80	1.53
11	90	1.28
12	100	1.00
13	42	

図33 シートへの入力

　ラグランジュの補間公式のマクロコードを入力するために、リボンの「開発」をクリックし、図34でエディターを起動する。

　図35のように「標準モジュール」を挿入して図36のようにプロシージャを挿入すると、図37のような「プロシージャの追加」ダイアログボックスが表示されるので、名前を「Lagrange」と記入する。種類は「Subプロシージャ」、適用範囲は「Publicプロシージャ」を設定する。

　図38にエディターのサブプロシージャ（Sub ～ End Sub）を示す。図39にラグランジュ補間のマクロコード（20行）[*10]を示したので入力する。

　図40のようにマクロプログラムの実行アイコン「▶」をクリックすると、図41の実行ダイアログボックスが表示されるので、実行をクリックする。

　ラグランジュ補間の結果は図42のようになり、補間値は2.03（cP）となった。

[*10] 本書のWebサイトのサポートページからダウンロードできます（ZIP形式）。
（サポートページ）⇒ http://gihyo.jp/book/2016/978-4-7741-8069-4

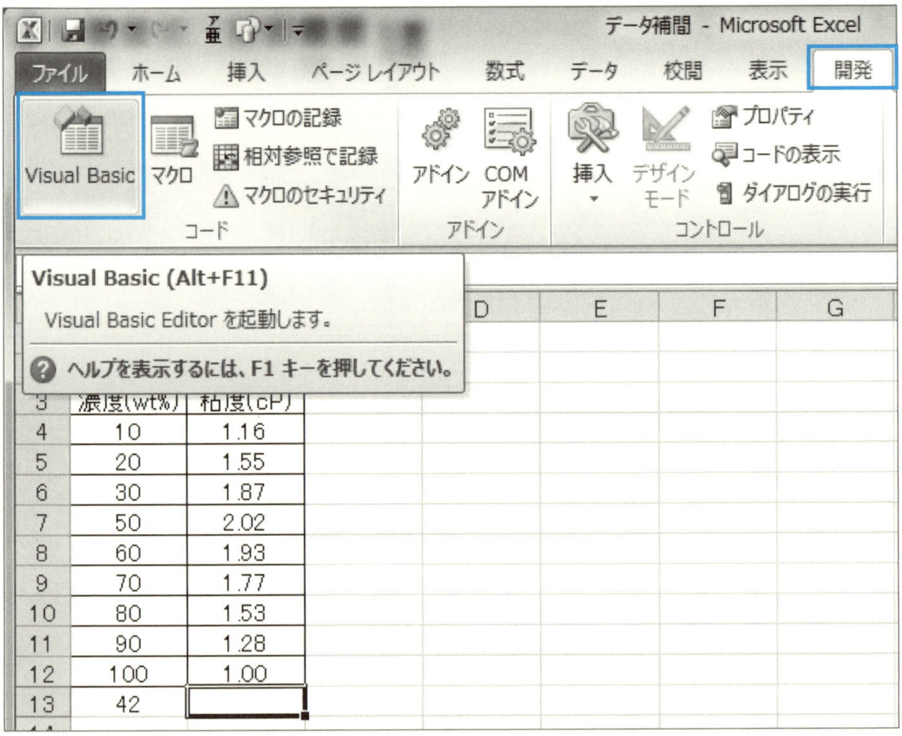

第3章 実験データの整理・活用法

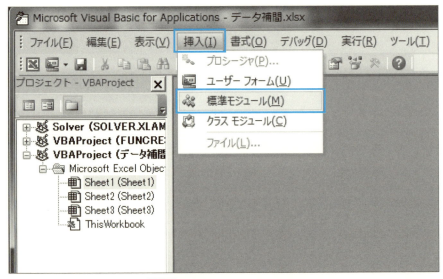

図34 VBA/Visual Basic Editorの起動

図35 標準モジュールの挿入

3.5 Excelを駆使したデータの処理法

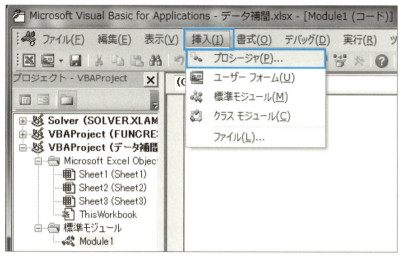

図36 プロシージャの挿入

図37 プロシージャの追加ダイアログの設定

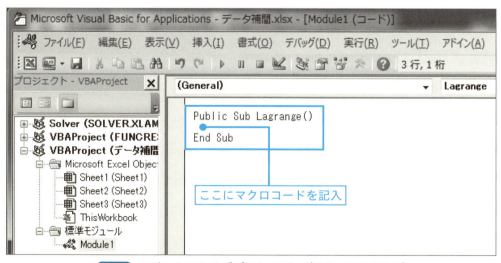

図38 エディターのサブプロシージャ（Sub ～ End Sub）

第3章 実験データの整理・活用法

```
Public Sub Lagrange()
Dim c(10), v(10)                    'データの配列宣言
n = Range("B2").Value               'データ数
For i = 1 To n                      'データの読み込み
    c(i) = Cells(3 + i, 1)          '濃度
    v(i) = Cells(3 + i, 2)          '粘度
Next i
cx = Cells(4 + n, 1)                '補間したい濃度
p = 0
For i = 1 To n                      'ラグランジュ補間式
    fx = 1
    For j = 1 To n
        If i <> j Then
            fx = fx * (cx - c(j)) / (c(i) - c(j))
        End If
    Next j
    p = p + v(i) * fx
Next i
Cells(4 + n, 2) = p                 '補間値の出力
End Sub
```

図39 ラグランジュ補間のマクロコード

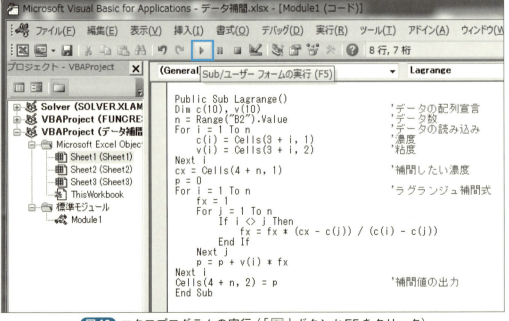

図40 マクロプログラムの実行（「▶」ボタンかF5をクリック）

3.5 Excelを駆使したデータの処理法

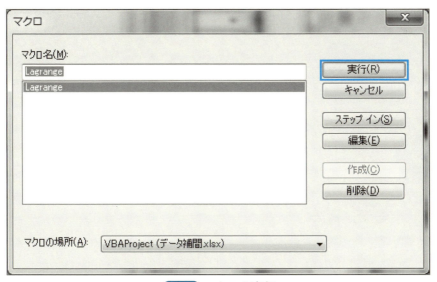

図41 マクロの実行

図42 補間の結果

　以上、Excelを駆使したデータ処理として、ラグランジュ補間をVBAマクロでプログラミングして解決した事例を紹介した。
　このようにVBAマクロの簡単なコードでプログラムを組めば、どんなデータ処理の問題でも解くことができる。Excel活用の専門書としては、関連参考書リストの「Excelで数値計算の解法がわかる本」を参照されたい。
　なお、Excelは、Officeのバージョンアップとともに改訂されるため、バージョ

第3章　実験データの整理・活用法

ンによって違いがある。例えばExcel2010で作成したものはExcel2003では開けない。Excel2007以降と以前とではファイルの形式が異なるので、注意が必要である。本書はExcel2010を用いている。

> ### column 「Excel操作をマスターしよう」
>
> 　Excel操作は、シートの構成による表計算がほとんどであるが、本章で解説した分析ツール、最適解ツール（ゴールシーク、ソルバー）や「回帰分析」、「分散分析」などは極めて有用であり、是非とも身に付けておきたいものである。
> 　さらなるものといえば、Excel標準装備の「VBA」の活用である。
> 　例えば、第6章で解説する「主成分分析法」は、Excelの分析ツールに装備されていないが、VBAでマクロプログラムを追加するだけで、主成分分析法を使うことができる。

CHAPTER 4

第 **4** 章

レポート・報告書・論文の書き方

第4章　レポート・報告書・論文の書き方

　文章を書くことは、自分の考えや主張を伝える手段として大変重要である。その際、読み手にわかりやすく表現することを心がけることである。

　人に伝える文章を書く場合、読み手が理解しやすいように、1つの段落ごとに1つのテーマを書き、文章は短くするとよい。主張したい点を箇条書きするのもよい。

　学校で習ってきた作文は、経験を通して自分の意見や感想を主観的に記述するものだった。一方、報告書や論文は、自分の主張を論理的・客観的に記述するものである。

　ここでは、それらの違いを理解し、書き方を改めて見直してみる。

4.1　読まれるレポートの書き方

　ここでは、学生が課題を調査し実験を行い、レポートを書いて提出するという流れを想定する。

　実験レポートとは何であろうか。学生実験の場合、課題の実験をやり、既知の実習成果との整合性を図り、文献値（理論値）とどの程度の相対誤差で実験を遂行できたか、などを報告するものである。

 Q1 学生実験のレポートの書き方を教えてください。

 実験が好きで実験作業をやっても、レポートの書けない学生がいますね。
学生実験は、やっただけでは単位がもらえません。レポートを提出してはじめて課点がもらえるものです。実験課題に対して実験を行ったときの出来事を実験ノートに取り、それに基づく結果を示し、自分が考えた考察をまとめれば、実験レポートが出来上がります。
実験テキストの丸写しはしないことがポイントですね。

学生実験では、既に前の受講者が行っている実験課題が出される。そのため、実験もしないのに数値をごまかし、やってもいない操作を行ったようにウソを書くこともできてしまう。これは試験のカンニングと同じであり、教育課程にある学生にとっては教養とはならず、研究素養にもならない。

前の受講者の作成したレポートを数値だけ変えた丸写しも駄目である。ウソがばれれば単位ももらえず処罰の対象である。過去のレポートを参考にするのは良いが、自分の言葉で表現し、自分自身の考えでレポートを書くことが大切である。

カリキュラムの実験課題において、実験をしてもレポートを出さなければ実験を実習しなかったのと同じで、欠点評価となってしまう。

なぜならレポート作成は、ものの客観的な見方や論理的な考え方を身につけるための実践的で重要なトレーニングになるからである。

学生実験のときでも、先に示した「実験ノート」を必ず取り、実験の遂行課程を記載することによって、自分自身で実験したことの証を示すことができる。

実験レポートの形式は、どのようになっていますか。教えてください。

実験レポートの構成は、実験テーマ（課題）、目的、実験方法、結果、考察、参考文献などとなります。
文体は「である」調で書きます。

実験レポートの形式は、実験課題によっていろいろな形式があり、提案された課題ごとに担当者の指示する形式に従うようにする。

実験レポートの文体は、「である」調の断定調で書く。口語調では書かない。読み手に伝わるように読みやすい表現で記述する。

実験レポートは、次の5つで構成される（図1）。

(1) 実験テーマ
(2) 目的・原理
(3) 実験方法

第4章　レポート・報告書・論文の書き方

（4）結果と考察
（5）参考資料

　上記の5つの構成で、実験ノートと照らし合わせながら、確実な事実に基づいて実験レポートを書く。
　まず受講した課題名を実験テーマに書き、次に実験遂行を通して、何のためにやったのかを目的欄で書く。
　実験方法は、実験テキストに書かれている文書（実験操作と結果）を、そのまま転記することはせず、自分なりに要約して書くのが良い。どのような原理に基づいて実験したかを書く。さらに実験目的を果たすために、どのような手段をとったかを書き、参考資料があれば、その項目を引用した文献リストを明記する。
　図2に実験レポートの模範例を示す。この実験は、「安息香酸の水への溶解度問題」で、固液平衡での溶解熱を測定する物理化学実験である。

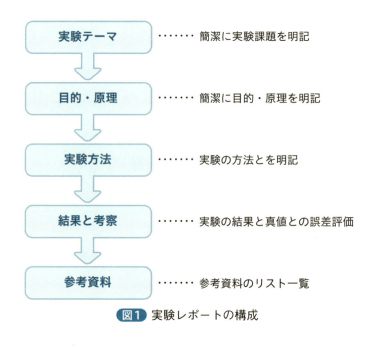

図1 実験レポートの構成

[実験日] ○月○日実施　（氏名）○　○
[実験タイトル]　溶解熱の測定

[実験目的]　安息香酸が水に溶解するときの溶解度を種々の温度で測定し、ファント・フォッフ（van't Hoff）の理論より溶解熱を求める。

[実験理論]　安息香酸はほとんど蒸発せず、固相と液相との異相平衡がこの実験の課題である。大気圧下での実験であり、自由度は1となる。それより、温度が決定すれば溶解する濃度は決まってくる。

[実験方法]
1) 恒温槽に水を入れ、25℃に調節した。
2) 大型試験管に安息香酸を約1.5 gとり、これに50 mLの蒸留水を入れて恒温槽にセットして、約1時間かき混ぜて溶解させた。
3) ろ過球（脱脂綿）付きのピペットを用いて10 mLの水溶液をサンプリングした。
4) 水溶液を三角フラスコに移し、溶解した安息香酸を0.25 M-NaOHで滴定した。滴定は3回行った。
5) 次に、恒温槽の温度を35, 45℃に調整し、上と同じ操作を繰り返して、各温度における溶解度を測定した。

[結果と考察]　恒温槽の温度を25, 35, 45℃と変えて、安息香酸の溶解度を0.25 M-NaOHで滴定し測定したところ、表1のような結果であった。

表1　各温度での安息香酸の溶解度

測定温度 t（℃）	25	35	45
NaOH滴定量（mL）	2.81	3.92	4.98
溶解度 S（g/100g水）	0.346	0.482	0.678

各温度の溶解度より散布図（$\ln S$ vs. $1/T$）をプロットし、近似曲線より溶解熱 ΔH を算出した。図1の傾きより $\Delta H = 3188.9 \times 1.987 = 6336 \text{(cal/mol)}$ となった。

［前頁のつづき］

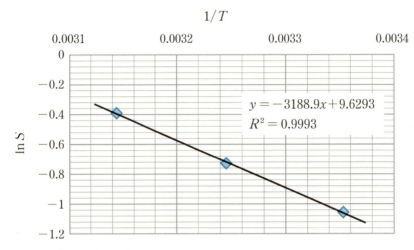

図1　溶解度と温度のグラフ

文献によると、安息香酸の溶解度は6497（cal/mol）であり、その相対誤差は2.5％であった。

［まとめ］
文献値とほぼ同等の実験結果が得られた。

［引用文献］
後藤廉平　編、物理化学実験法、改訂版、共立全書19、共立出版（1965），pp.36-39

図2 実験レポートの模範例

4.1 読まれるレポートの書き方

Q3 実験レポートに書く実験方法の記述は、テキストの丸写しでもよいですか。

A3 現在形で書かれた実験レポートは、丸写しで何も考えていない証拠ですね。
テキストの実験操作は「現在形」で書かれていますが、実験レポートでは実験をやりましたという「過去形」で書きます。
実験したことはすべて「具体的」に書き、情緒的であいまいな表現は使わないことが、大事な点です。

　実験レポートは実験終了の報告書であり、やったことはすべて「過去形」表現で記述する。

　実験方法の欄には、その手順・操作をどのように行ったかを書く。その場合、「……の試薬を用い、……の操作で実験した。」のように過去形を用いる。

　実験テキストには、これからやることが書いてあるので、現在形で書かれているが、実際の実験時には、自分が行ったことなので過去形にし、テキストそのままではなく、自分の言葉で記述する。

　結果と考察では、実験からどのような結果が得られ、その成果から何が考えられたかを書く。実験結果と考察を別々に分けて書いてもよい。

　実験結果には、実験遂行とともに実験ノートに記載された数値データや観察記録を、具体的情報として的確にまとめて書く。例えば、「反応容器に少し加えた」などというあいまいな数量表現をしてはいけない。

　「実験試料が溶けた」という場合は、「A試料5 gが約10 mLの蒸留水に溶解した」と具体的に記述する。実験現象の説明において「……と思う。」という情緒的な表現は避け、「……である。」と言い切る。

　実験内容を報告するものなので、報告された第三者が理解できる表現で書くことを心掛ける。結果を具体的に示すために、図表を用いるときは、図表に通し番号を付け、本文中で引用する。図のタイトルは図の下に、表のタイトルは表の上に記載する。

　数値と単位の間にはスペースを入れ、すべて半角文字で表現する。

例えば、10 mL（10＋半角スペース＋mL）と書く。この書き方は、SI単位系を基にする国際的ルールである。

実験で用いた計算式は、数値だけでなく単位も常に明記して計算過程を示す。計算式で採用した数値の単位を省略しないことで、計算ミスや単位の間違いを防ぐことができる。

学生実験であれば、先輩をはじめいろいろな方のサポートや推薦資料があると想定されるので、それらを参考資料にリストアップする。

実験レポートの場合、ワープロを使ってまとめられることが多い。その際、ワープロのヘッダーかフッター機能を使って、誰の提出物かを特定できるようにプリントすると、読み手に親切である。

4.2　報告書はA4紙1枚に簡潔で具体的に書く

報告書は、共同研究者との協議・作業の中で実験したことをまとめて報告する場合に書くものである。共同グループの中で決まった形式があるので、その基本的書き方で報告書を作成すればよい。

Q4　報告書の書き方を教えてください。

学生のうちの報告書は、実験レポートの1つだと思います。実験レポートの形式で書けばよいですが、採点されるものではなく、報告する相手、例えば、指導の先生や先輩、研究メンバーなどに報告するものです。
序論、本文、結論の3部構成で書きます。

報告書は、報告する読み手を意識し、実験ノートと照合してミスのない内容で書く。

まず、報告書に書きたいことを実験ノートに書き出し、重要なアウトラインを考

4.2 報告書はA4紙1枚に簡潔で具体的に書く

えてメモする。

報告書は、「序論」、「本文」、「結論」で構成される。書き出したメモを構成にあわせて割り振っていく。

週報・日報などの報告書は、できるだけ簡潔で内容の濃い1枚にまとめる。より読みやすくするために、見出しを付け、箇条書きで話の展開が一覧できるように書く。

年次報告書などは、多くのページを使い分厚いものになることがあるが、読み手の気分を害するほどダラダラと記述してはいけない。

報告書に書くべき基本的な項目は、以下の4点である。

（1）テーマ・課題・目的
（2）協議・作業に必要な研究事項を明記
（3）「誰に」報告書を提出するのか
（4）実験成果から「何を」アピールするか

最初にテーマ・課題・目的をはっきりと示す。報告書のテーマは、その課題や目的によって「何がわかるのか」を明記する。そして、それまでに把握していた要点を的確にとらえた内容にする。

次に共同グループ内での討議における必要事項を漏れなく記述する。5W1H（何を・いつ・どこで・誰が・なぜ・どのように）に従って、詳細事項を明記する。その際、事実に基づいた記述を公正に書き、誤りのないデータで恣意的に選択されていないことが大事である。

報告にあたって、実験成果に対し、自分勝手な偏見を加え、実験事実を歪曲するような表現はしてはいけない。誠実で信頼に値する報告書であるべきである。具体的な表現で書き、抽象的・あいまいなことは書かず、客観的な視点で報告書を作成する。

誤字や脱字があると、報告書の信頼度が低くなる。特にワープロの誤変換で不適切な表現をしないよう注意する。提出の前に、必ず誤字やあいまいな表現がないかをチェックする。

実験業務の週報の場合は、1週間という期間で、具体的な目標を設定したフォーマット（テンプレート）を使って、実験内容を一目できるようにする。図3に報告書（週報）の典型例を示す。

第4章　レポート・報告書・論文の書き方

図3 報告書（週報）の典型例

4.2 報告書はA4紙1枚に簡潔で具体的に書く

Q5 報告書には、具体的にはどんなことを書けばよいですか。

A5 実験の成果を5W1Hで明確に記述することです。
報告したいことを書くものですから、報告書の読み手を意識して、実験成果をアピールできるように、適切な図表を配置して分かりやすく書くことが必要です。
思いつくままにダラダラと書いたり、ワープロ変換ミスの多い文書だと、読むのもいやになりますね。

　まず、報告書の書き出し（冒頭）は、報告成果の要約を記載する。内容を簡潔にまとめ、報告を受ける側に配慮する。冒頭のあと続く詳細部分は、研究業務の進捗などが正確に伝わるようにする。ただし、詳しく書こうとすると長蛇なダラダラ文章になりがちであるので、短文で箇条書きする。報告書はA4用紙1枚にまとめるようにし、多くなっても2枚以内にまとめる。

　報告書で、よく「ほぼ予定通りです。」という抽象的な表現が見受けられるが、これは避けるべきである。

　研究の進捗状況の簡潔な報告をする場合は、例えば「〇の件については目標の約3割の達成率です。△の件についてはまだ着手していません。」という書き出しで始めると、結論を知りたいと思う読み手を満足させる。これは読み手への配慮である。報告を受ける側は、まず白黒の明確な結論や最新の状況をとらえたがるものである。具体的な詳細事項は、その後に箇条書きする。

　報告書の読み手が誰であるかを考慮し、不親切で不快にさせる表現は使ってはいけない。読み手を意識して書かれた報告書は、読み手に訴え、アピールする力も大きくなる。実験成果をアピールする特記事項は必ず記述する。

　さらに、実験成果に裏付けされた具体的な提案を入れると、報告者の前向きな姿勢を示すのでより印象が高くなる。

　また、文書だけで報告書を書くのではなく、適切な図表、グラフやチャートを用いて実験成果の視覚化を試みるなどの工夫をする。図や表は目立つだけでなく、理解を助け多くの情報をまとめることができる。読み手の記憶にも残りやすいので、

上手に用いるとよい。

4.3　論文の書き方

　理工系の学生には、実験の集大成として、卒業論文（卒論）の提出が義務付けられている。卒論は所属する研究室によって異なるが、指導者の指示によるところが大きく、論文であっても指導者への報告ともいえるので、ここでは広い意味での報告書の一つとして記述する。

Q6 卒業論文の基本構成や書き方を教えてください。

卒業論文は、卒業時期に調査・研究したことを論文としてまとめて提出するものですね。論文には違いありませんが、学修成果報告書ですので、報告書の一種です。
卒業論文は採点対象物であることを考えると、指導教員という読み手にとって分かりやすく書くことが大事です。
指導教員の指示した作業事項のみをダラダラと書き並べてはいけません。本論と考察をしっかりと自分の趣意・主張で記述することです。

　卒論は卒業の前に書き、卒論発表会で回覧・評価される学修成果報告書である。評価する指導者が限られた時間内で目を通すので、論文構成がきちんと書いてあることが大事である。特に、参考文献が少ないと勉強不足、調査不足、など判定されることがある。関連する文献を5つ以上引用する。図表をうまく表現し、読みやすさを考えて定められたページ数を稼ぐことも重要である。
　卒論の基本構成は、「表紙」、「要約」、「目次」、「本論」、「考察」、「結論」、「謝辞」、「付録」、「参考文献」となる。
　各項目で1ページ使い、「本論」と「考察」を10ページ以上でまとめる。

卒論は、指導者から提案された研究テーマであることが多く、研究でお世話になった方への感謝の意（謝辞）を簡潔に書く。

提出用卒論は、プリントアウトして市販のファイルに綴じて提出する。研究室によっては、PDFでの電子形式での提出もある。

📖 世界から検索される論文を書く

論文には何を書くのか。論文は、新規性のある実験・研究に裏付けされた事実に基づき、客観的な判断で特定の理論に合致した独自で有効な主張を書くものである。

確実な証拠を示し、研究テーマに関する事実を明らかにする。論文は不特定の相手（関連する研究者）に対し、確証をもって、その主張を書くものである。

Q7 研究でうれしい成果が出たとき、論文をどう書いてよいかを教えてください。

A7 論文は、自分が出した研究成果を、研究関連の第三者に評価してもらうために書くものです。
特に論文の書き出し部分（冒頭）はたいへん大事です。
なぜなら、読み手の第三者は冷たいもので、関連する研究者に注目されるキーワードが含まれていないと目もくれません。
論文のタイトルと研究概要（アブストラクト）を読んで興味を持つと、本文まで読んでくれますが、興味がないとチェックもしてくれません。
論文は、読み手に分かりやすいように基本的な構成を守って書きます。

ここでは、論文の基本構成を考える。

最初に、自分の研究テーマでの「問題点を提起」する。

次に、タイトル（論題）は、論文成果の内容を簡潔に、しかも情報豊かになるようにする。タイトルは研究概要を簡潔に示すものであり、関連する研究者に最も注

第4章　レポート・報告書・論文の書き方

目されるキーワード（トピック、目的、新規性など）を含むことが大事である。

　タイトルは、論文として検索対象となるため、簡潔で情報が多く興味をひくものがよい。タイトル次第で、より多くのサイテーション（citation、引用）に関わるので大変重要である。

　研究課題が、その研究分野でいかに寄与するものかを記述する。より意味を具体的にするために、副題を利用するのも一手である。

　論文の基本構成は次の6点である（図4）。

（1）タイトル……簡潔で情報豊かな論題で表現
（2）要約……全体の内容（概要、アブストラクト）を簡潔に表現
（3）序論……「はじめに」の見出しで始まる課題設定を明確化
（4）本論……提示される課題について実証的に研究内容を展開。図表での表記も大事
（5）結論……「おわりに」で概要と対比して研究結果と考察を示し、未解決点を整理
（6）引用・参考文献……参照文献のリスト一覧

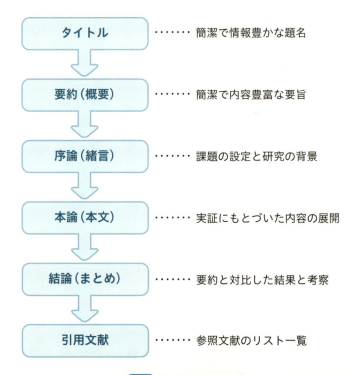

図4　論文の基本構成

4.3 論文の書き方

Q8 先生から、ある討論会で担当する実験の発表をしなさいといわれ、その準備をして発表をしました。その討論会で、論文発表することを勧められました。
論文を書くのが苦手なので困っています。どうしても論文を書かなければなりませんか。

A8 研究成果を討論会で発表しただけでは、成果を告知・公開しただけです。有用な成果（発明・発見）が得られたのであれば、論文を投稿し掲載して著作権を得ることです。すぐに論文を書いて投稿しないと、知的財産権が失われます。
特許が必要なら、発表と同時に特許出願します。遅れると、公開という公知の事実となってしまいます。

　なぜ論文を書くのか。研究成果を学会討論会で発表してもそれは正式なものではない。どんなに素晴らしい実験成果を得ても、それを論文で発表しなければ何の意味もない。論文こそが正当な発表・告示の場であり、著作権が成立する。ゆえに、論文を書いて報告しないかぎり研究の評価はされない。

📖「論文作成の苦手な学生へのアドバイス」

　論文作成の苦手な人にかぎって、理解途中の専門用語を羅列して、格調高く書こうとする。これでは気が重くなってしまう。
　楽な気持ちで書くには、実験・研究で実行した成果を、まず「自分の言葉」で書くことである。
　できるだけ平易な表現で、理解できたことだけを論文に書くのである。
　よくあるのは実験した成果の報告ということで、その時の出来事をダラダラと何行にもわたって書くことである。これは駄目である。
　一つのテーマに対して1〜2行の短い文で書く。できる限り短く書こうとすることで、苦手意識も克服できる。
　素晴らしい研究成果の事実・事象を「簡潔な文章」で書いていけば、論文ができる。

第4章　レポート・報告書・論文の書き方

Q9　論文を書く上で大事なことを教えてください。

A9　論文を書く上で大事なことは、まず、研究テーマを俯瞰（ふかん）しそのバックグラウンド（背後）にある関連するテーマも調べておくことです。
次に、客観的に読み手の手掛かりとなるアブストラクト（要約）を記述することです。要約は、字数にも制限があり、論文紹介の抄録誌では、本文と切り離されて収録されます。
研究関連の第三者は、抄録誌で論文の存在を認識し、当該論文を検索・収録します。インパクトのある問題を提示し、分かりやすく記述することが必要です。

　論文を書くときは、自分が行っている研究テーマを、客観的に見るようにすることが大切である。視野を広くもって自分の研究テーマの背景を記述できるようにする。
　そのためには、研究テーマに沿った有効な文献や参考資料を調べあげ、リスト一覧をつくってきちんと整理する。それができれば、論文はほぼ半分完成したものといえる。
　研究テーマの背景に関連した多くの引用文献にサポートされている論文ほど、サイテーション（citation：引用）が多くなり評価も高くなる。
　論文を書き上げたら、本文を要約したアブストラクトを書く。これは論文のおまけではない。アブストラクトは、論文タイトルとともに読み手の手掛かりとなるため、論文で伝えたい内容をすべて要約して記述する。
　読み手は、これら2つ（タイトルと要約）で論文全体を読むかどうかを判断するので、自分の論文をより深く読んでもらうためにも重要である。
　要約を書くときは、限られた字数の中で「現状」、「問題点」、「従来とどう違うのか」、「どのような新規性があるのか」という点を明確に書く。
　要約は、論文紹介誌（抄録誌）で、論文の本文と切り離されてデータベース化されるので、論文で主張したいキーワードがすべて含まれるように記述する。

研究の成果を論文に書くときは、ダラダラと書き始めてはいけない。書き出しの一文は、論文の読者を意識した書き方がよい。

　まず、インパクトのある問題提示から書き始める。読者の興味をひきつけ、書き手のひらめき（創造）をなるほどと納得させるように問題提示をする。論文の書き手の狙いを分からせるように、はっきりと提示するのがよい。文章は分かりやすく短い段落で書く。

　論文の評価・査読の基準は、「重要性」、「学際性」、「意外性」、「明解性」（分かりやすさ）などが求められている。

　査読者がリジェクトの判定を下す大半の理由が、記述の曖昧さと分かりにくさとされている。注意したいのは、いいデータがそろい自分の研究成果に自信があるとき、読めば分かるはずと一人合点することである。書くときは、読み手の求める点を意識し、分かりやすい文章にすることを第一番の心がけにする。

Q10 論文を初めて書くので、書くときの注意点を教えてください。

A10 文書を書くのが苦手な学生は、複数の書きたいテーマを一つの文に入れようとしがちです。最初は、記述する論旨を一つに絞って、それを可能な限り短い文で書くことです。一つの文には一つのテーマだけを入れることを原則にしましょう。それに慣れてきたら、次は多くの文章を書くことです。そして分かりやすく書くことを意識しながら論文をたくさん書くことです。上達の近道は、トレーニングを続けてたくさんの論文を書き経験を積むことです。

学術誌には、新しい発見など速報性を重視した短報を掲載する速報欄があります。研究のプライオリティ（優先権）を得ることができます。短報は、論文の主題が一読で分かるように書きます。

第4章　レポート・報告書・論文の書き方

　初めて論文を書く場合、自分の論文に対して客観的に見て、独り善がりにならないことである。他人の分かりやすい文章表現をまねて分かりやすく書き、できるだけ短い文章にする。

　論文で記述する論旨は1つの論文で1つとし、可能な限り短い論文にする。欲張って研究情報を複数詰め込むとダラダラ調になり、読みにくくなるのである。

　最初に書く論文は**短報**にするとよい。主張したいことだけにしてスッキリとした論文にする。

　論文のテーマ（主題）とは、研究成果の**中心出来事**（核となる成果データ）と、**主旨**（著者の趣意、どう考えたか）である。この2点を一読で分かるように記述する。タイトル（論文名）にも、成果データと主旨の両方が凝縮したものにすることが大事である。

　論文を分かりやすく書くコツをつかむには、たくさん書いて慣れることである。論文を書いて投稿し、査読・掲載・掲載不可という論文審査過程を繰り返し経験することでしか上達することはできない。論文を書く能力は、論文を書くことで身につけるものである。

　論文を論理的な展開で書こうとすると、どういうデータがあれば読み手を納得させることができるかが、よくわかるようになる。その結果、研究する実力も養われる。

　つまり論理的に書くことは、研究の目的を一から再考する行為でもある。論文には、実験をして分かったことしか記述できない。目的があいまいで、漫然と実験したデータから書かれたものは、読者が納得する論文にはならない。

📖 論文記載の文献管理

　論文の引用文献を管理・作成するときに、「EndNote」という支援ソフトを使うことで、文献管理に特化したデータベースを作成することができる。

　研究分野で何人か協同で何報かの論文を書くときに便利である。その主な特徴をまとめると、

（1）リファレンスの形式（投稿規程）を一括してそろえる……主なジャーナルの引用フォーマットに一括変換できる

（2）他のリファレンスを簡単に調整し引き継げる……ユーザが多く、最新スタイルに調整でき、文献データの共用ができる

4.3 論文の書き方

（3）引用や脚注の番号挿入する……Word などとアドインとして連動して、本文中の引用箇所に的確な指定と巻末の文献リストを作成できる

「EndNote」は、論文の作成中に引用文献をドラッグしてリファレンス支援をしてくれる。文献データの収集と入力作業が簡便なので、論文を書くことに集中できるのがよい。引用論文のデータ保管・管理、文献リストの並べ替え、文中への引用呼び出し・はり付け、データベース化した論文の一発検索、などのいろいろな機能を活用できる。これらの機能で論文の逆引きも可能になる。

「EndNote」は英語版しか販売されていないが、マルチバイト文字（日本語）の入出力ができるので、文献リストを日本語認識でき、和文誌にもカスタマイズが対応できる。

研究テーマや各分野で分けて「Library」を作って文献を保管・管理できる。論文データの入力は自分で入力する方法とインターネットから情報を取り込む方法がある。

文献の入力は、論文における、著者名、出版年、題名、掲載ジャーナル名、などの情報を格納する。収集した文献数が多くなると重複や欠落がリストから確認できなくなる。そのときに有用なのが論文整理機能である。

データベース化したリストにおいて、「Search」をクリックしていくつかの条件で検索すると、合致した論文が選択され、チェックすることができる。

文献管理のソフトの定番である EndNote は、有償ソフトである。文献管理ソフトで無償なものには、「Mendeley」や「ReadCube」などがある。研究の初心者である学生は、フリーソフトから使い慣れていくとよい。

「ReadCube」を利用するにはアカウント登録が必要である。Adobe AIR が実装されていれば Windows も Mac にも対応している。

「ReadCube」には論文作成時に引用文献のフォーマット一括変換機能はサポートされていない。「ReadCube」で論文を検索しためこんでおき、データベース管理する。論文を検索して収集した文献のライブラリー作りにはフットワークが軽い分使いやすい。

第4章　レポート・報告書・論文の書き方

Q11　書いた論文は、海外の研究者にも読まれますか？

A11　すべて日本語で書いてしまうと、海外から引用される可能性はほとんどありません。
世界の抄録誌に掲載されるためには、タイトル（論文題名）、アブストラクト、キーワードなどの掲載項目は、英文で書きましょう。

　日本発の学術雑誌は、日本語であるために引用されにくいのも事実である。しかし、本文が日本語であっても、世界からチェックされるように論文を書いておけばよい。論文のタイトル、要旨、図表、引用文献を英文にすることで、世界からはチェックされる。

　理想的には、英文抄録誌にリストアップされた和文論文の内容に海外の研究者が興味を持ち、翻訳して読むようになればよい。近年、各国語対応の翻訳ソフトもある。和文論文が世界からも読まれるような「すぐれもの」でありたい。

　筆者は日本人研究者として、日本語（和文）表現での論文発表も行っている。日本文化（日本語）での研究・論文発表を維持し大切にしたいからである。

　図5に筆者の論文の1ページ目を図示する。和文誌に掲載された論文でもタイトル、氏名・所属、要旨などは英文表記しているので、関連する抄録誌には掲載されているはずである。

4.3 論文の書き方

J. Technology and Education, Vol.22, No.1, pp.1-6 (2015)

教育論文

3Dプリンタ用分子モデルの製作と、触って見る分子モデル教育の実践

吉村 三智頼[*1]、吉村 忠与志[2]

[1]敦賀気比高等学校　教諭(〒914-8558 敦賀市呉見町 164-1)
[2]福井工業高等専門学校　名誉教授(〒916-8507 鯖江市下司町)、
*m.yoshimura@tsurugakehi.ed.jp

Production of a molecular model for a 3D printer and hands-on education about molecular models

Michiyori YOSHIMURA[*1] and Tadayosi YOSHIMURA[2]
[1]Tsurugakehi High School(Kutsumi 164-1, Tsuruga, Fukui 914-8558, Japan)
[2]Fukui National College of Technology(Geshi, Sabae, Fukui 916-8507, Japan)

(Received December 16, 2014; Accepted January 20, 2015)

In general, use of a 3D printer is expected. We are seeking an educational method for utilizing a 3D printer in the chemistry field. In high school chemistry education, we must visualize three-dimensional molecular models on a computer screen. It is virtual learning. However, when we make a 3D molecular model using a 3D printer, we help students understand the mechanism of molecular bonds in a hands-on way.

By bringing a 3D printer into the classroom, we can make a 3D molecular model in the presence of students. Students then touch it, which helps them understand the mechanism of molecular bonds. It is very effective to offer chemistry students hands-on education about molecular models.

Key words: 3D printer, 3D molecular model, Hands-on education about molecular models

1. はじめに

見えないもの、特に分子の視覚化は教育現場で進められている。電子書籍のデジタル教科書が販売されるようになり、iPad等の電子機器でなぞるだけで3D分子モデルが見ることができる。マウスや指でドラッグしてぐるぐると回転させ、分子の構造をパソコン画面内で視覚的に学習できるようになった。しかし、これはあくまでバーチャルな学習であり、3D分子モデルを触って見るという実体験はできない。3D分子モデルであれば、素手で触って分子構造を確認・納得できる学習をさせたいものである。

そこで、近年10万円台で購入できる安価な3Dプリンタがあるので、RepRap仕様3Dプリンタ[1]を購入し、それによる3D分子モデルの作成・創作を試みた。3Dプリンタ用の分子モデルの設計と作成について記述した論文[2,3]でその成果を報告した。

論文の中で、いろいろな分子構造の座標データが公開されているものの、そのデータをそのまま

- 1 -

図5 日本の学術誌に投稿した論文の1ページ目の例。論文のタイトル、要旨、図表、引用文献を英文にすることで、海外の研究者からもチェックされる。

第4章　レポート・報告書・論文の書き方

4.4　コメントをもらえる研究成果の発表の仕方

　研究成果がでたら発表する必要がある。発表形式は、関連する学会で異なるので、その点をよく理解し、事前に情報を集める。自分勝手なやり方で発表してはいけない。最初は、過去の発表形式に習い、忠実にまねることから始めるとよい。

Q12　学会討論会で発表することになったので、発表の準備の仕方を教えてください。

A12　研究発表するまでに、要旨集のためのレジメの提出、発表のためのスライドやポスターの作成を行います。研究成果を発表し討論するにはコミュニケーション力が必要です。発表前に、人前での討論やコミュニケーションを行うための練習や準備なども行います。そして本番での発表・討論という流れになります。

　発表の要旨（研究概要、レジメ）の提出は、学会の数カ月前に要求される。関連する研究の背景・成果を踏まえ、学会指定の形式で作成する。研究概要、緒言、実験方法、結果と考察、結論、参考文献の順に分けて記述していく。データの報告においては、古いデータとの整合性に関しても注意する。内容にあわせて図表、写真などのアイテムを追加する。

　発表に必要なコミュニケーション力とは、「自分の研究成果を伝えたい」という「意欲」である。才能ではない。

　常識と違った独自の研究成果を発表するときほど、周囲の人は誰もわかってくれない。自分とは価値観が違う人に成果を伝えるには、時間をかけて理にかなった説明を行えばよい。間違いを指摘されることを恐れて発表しないより、間違っていても発表をした方がコミュニケーション力を磨くことができる。

　意欲ある研究者や学生が、発表の場に立ち、研究成果を討論し、関連研究者とのディスカッションでプレゼンテーションすることで、自分の意見を人前でしっかりと述べる能力を身に付けることができる。

4.4 コメントをもらえる研究成果の発表の仕方

Q13 発表には、口頭発表とポスター発表があるようですが、どちらを選んだらよいですか。

A13 学会討論会での方針にもよりますが、初めての発表はポスター発表のほうが身になると思います。聴衆（質疑者）が、対面でコミュニケーションを取ってくれるので、研究に関するディスカッションができます。
講演台で質疑を受けるより、対面のほうがより討論が充実し、自分の主旨を議論できます。

　発表方式は、口頭発表とポスター発表がある。口頭発表の場合、限られた時間で演台に立ち、スライドを指しながら、はっきりした言葉で研究内容を口述する。その際、原稿を読み上げたり、自分の後ろに映っているスライドを向いて、聴衆に対し後ろ向きで話たりしないことである。

　ポスター発表の場合、ポスターの前に立ち対面で質疑を行う。そのときは、聴衆に対して真摯な態度で討論する。ポスターに近づいて興味を持ってくれた聴衆に対して直接向かい合って討論する。討論した事柄は手持ちの「実験ノート」に書き記し、今後の課題とすることが大事である。

📖「聴衆に好まれる発表の仕方」

　口頭発表の場合、口述する内容とスライド表示を同期させ、聴衆が納得できるスピードで発表することが大事である。

　たくさんのスライドを用意し、時間内に済ませるために早送りをするような行為は避けるべきである。用意したスライドの中からさらに厳選して、使わないスライドは非表示にしておく。

　質疑対応では、質問内容が理解できるまで逆に質問し、お互いに納得する回答をするべきである。質問を理解せず、適当な回答をすることはよくない。

　ポスター発表の場合、対面する質問者と質疑を行うわけなので、質問内容を理解できるまで聞き、的の得た回答をする。質問者から良いアイデアが提案されることがあり、真摯な態度で受け答えする。

ポスター発表では、手元に討論会のレジメ以外に、内容説明のチラシを用意し配ることも一法である。

Q14 口頭発表でのスライドを作るときの注意点を教えてください。

A14 スライドを作るとき、1枚のスライドにたくさんの研究内容を詰め込みがちです。
聴衆は、映し出されるスライドから研究内容を確認します。そのとき、一瞬にして読み取れるものでなければなりません。ダラダラと細かい字で書かれたスライドは読みにくく、解読できないとして聴衆はソッポを向いてしまいます。
発表スライドは、じっくり読まれるものではなく、映った一瞬で分かってもらうように作ります。

　口頭発表の場合、PowerPointなどで作成したスライドを使って発表する。聴衆がスライドを見て瞬時に読み取れるサイズの文字（太字）を使うのが基本である。1枚のスライドに文章でダラダラと説明を書かないことである。1枚につき最大でも5行程度にまとめるようにし、聴衆側が可読しやすくする配慮が必要である。
　10行以上にわたる文章のスライドを読み上げる発表は、独り善がりであり聴衆への配慮に欠ける。読む気にならないスライドが映されても、誰も興味をもたない。
　1枚のスライドに1テーマを3項目ぐらいでまとめ、キーワードとなる文字はカラフルに色を変えて注目しやすくする工夫も重要である。
　1枚のスライドに1つの図表が原則である。関連付けるために何枚も図を1枚のスライドに入れることは、推奨できない。1つの図に複数のデータをアニメーションで重ね書きするような工夫があってもよい。
　プレゼンテーションのスライドは、見栄えが良いだけではいけない。目的は、自分の伝えたい情報に関して、相手に知って、理解して、覚えて、行動してもらうこ

4.4 コメントをもらえる研究成果の発表の仕方

とである。

わかりやすいスライドを作成するために、次の点に注意する。

（1）スライドの背景（配色）は、文字の色との同系色は用いない
（2）表記文字は太字（例えばゴチック体、ポップ体）で見やすい構成にする
（3）アニメーションやサウンド効果を、むやみに多用しない
（4）発表時間を考慮したスライド枚数で、時間配分を厳選する

図6にPowerPointによるスライドの一例を示す。例えば、口頭発表用のスライドの発表時間が15分とすると、1分間に2枚程度が標準なので30枚程度のスライドを用意するとよい。

1枚目はタイトルと発表者氏名（所属）で、2枚目に講演の目次（章立て）を示し、3枚目から本題のスライドを用意する。

図6 PowerPointによるスライドの一例（最初の4枚のスライド）

第4章　レポート・報告書・論文の書き方

Q15 口頭発表で準備した内容をすべて口述するために、多少時間をオーバーしてもよいですか。

A15 発表はセレモニーではありません。発表内容に対して聴衆である第三者との討論・ディスカッションの場です。発表時間には質疑応答時間も含まれています。
時間オーバーとなれば座長に注意され止められます。貴重なディスカッションの時間も無しとなります。
発表時間を守り、研究の発展のために討議・討論が必ずできるようにしましょう。

　口頭発表の時間は、主催の学会によって決められているので、発表者はその時間内に講演を終了させる。時間オーバーはしてはならない。発表時間には質疑討論の時間も含まれている。そのため、その時間ギリギリまで口頭発表に使ってしまうと、折角の討論時間がなく、関連する研究者からの貴重なコメントやアドバイスをもらえるチャンスを失うことになる。発表の場は、他人からの助言をもらえるチャンスであり、有効に利用し、向上心をもって対処することが大切である。

　発表が終了した後、質問・助言を受けたことを必ず書きを残す。非難中傷と受け取らず、質問・批判を受け入れ、反映させることで自らの研究を向上させる。

　学会での発表は、外部の関係者とのディスカッションをすることが神髄であり、切磋琢磨の絶好の機会である。学会発表が学習過程でのセレモニーであってはならない。

　口頭発表を行うときは、事前に原稿を暗記していく。ポインタを使いキーとなる項目を指しながら発表すると、聴衆の注意を集めることができる。たまに、点灯したポイント点をゆらゆら揺らす発表者がいる。聴衆は指されたポイント点に注目するのであるから、ゆらゆら揺らすことはしてはいけない。ポインタを持つと揺らす癖がある人は、指すときだけポイント点を点灯するようにする。

　また、発表中は、聴衆に対し後ろ向きで説明をしない。分かりやすい言葉を選び、メリハリの利いた声で行うとよい。

　自分の研究成果を発表するために、PowerPointは有用である。ただ、あまり凝

りだすとPowerPointに時間がとられてしまい、その割には効果が少ないことが多い。プレゼンテーションの本質は、聴衆である相手に研究内容を理解してもらうものである。スライドを読みやすく構成するための道具として、自分なりの上手な使いこなし方を見つけることである。

自分（presenter）の成果を伝えるには、相手（audience）の気持ちになって、相手が知りたい情報内容を盛り込みながら発表する必要がある。限られた時間内に、どうやったら正確にわかりやすく相手に内容が伝わるかを考慮・工夫することが大切である。

Q16 プレゼンテーションにおける発表内容の構成について教えてください。

A16 プレゼンテーションの論理的構成は、「序論」、「本論」、「結論」の3部構成で、発表の時間配分は1：8：1です。

プレゼンテーションにも論理的な構成が必要である。作文の授業では、起承転結の4部構成を教わるが、プレゼンテーションでは、「起・承・結」の3部構成が重要視される。

プレゼンテーションは、以下のような「序論」、「本論」、「結論」の3部構成で展開されることが多い。

（1）序論……導入ともいい、聴衆の参加意識を明確化する
（2）本論……本題ともいい、展開する内容について知的興味を持続させる
（3）結論……締めともいい、発表内容を要約し、理解・納得を得る

以上の3部構成のウエイトとしては、序論1割、本論8割、結論1割で、与えられた時間を有効に利用し、プレゼンテーションを行う（図7）。

プレゼンテーションは、出だしが肝要である。序論で相手をひきつけないと、本論に入る前に聴衆にソッポを向かれてしまう。聴衆が食いつくような内容や表現が大切である。

第4章　レポート・報告書・論文の書き方

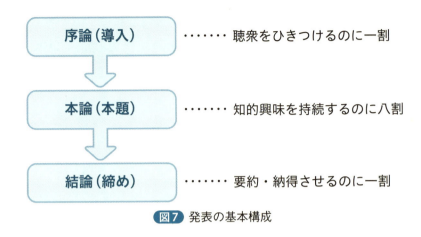

図7　発表の基本構成

- 序論（導入）……… 聴衆をひきつけるのに一割
- 本論（本題）……… 知的興味を持続するのに八割
- 結論（締め）……… 要約・納得させるのに一割

 Q17 ポスター発表でのポスターを作成するコツを教えてください。

 A17 ポスター発表では、ポスターを見やすい形で分かりやすく作成するのがコツです。これもPowerPointで作成すると便利です。口頭発表のようなスライドを、A4版でプリントアウトしたものをはっただけのポスターでは、手抜きをしたような感覚に取られがちです。
ポスターは大型プリンタで印刷したA0判1枚もので、聴衆に対して説明しやすく分かりやすい構成でレイアウトします。

　ポスター発表では、ポスターの大きさにA0判もしくはB0判のサイズのスペースが与えられるので、そのスペースを有効に用いたポスターを作製する。
　原則的に指定されたポスターのサイズ1枚に、伝えたい内容をコンパクトにまとめる。
　PowerPointで作成したスライドをA4紙に印刷して、1枚ずつはり並べる方法もあるが、インパクトに欠ける。
　それより、大型プリンタでA0判もしくはB0判のサイズの1枚用紙にプリントし作成するとよい。人目をひくだけでなく、各研究項目を関連付けた表現ができるの

で、分かりやすい発表ができる。

　PowerPointは、口頭発表用のスライドを作成するための道具であるため、スライド単位にページを作成することが基本になる。そのため、初期設定のスライドサイズがA4サイズより若干小さいサイズ「画面に合わせる（4:3）」に設定されている。ゆえに、A0判のポスター作製に使うには、ちょっとした工夫が必要である。

　PowerPointを起動し、「ページ設定」を開くと図8のようなダイアログが現れる。使用するポスターのサイズにあわせ、例えば、A0サイズ縦長型の場合は、「84.1cm×118.9cm」なので、図9のように設定する。PowerPointでのページ設定は、最大で「142.22cm」までである。

　口頭発表用のスライド用として作成したPowerPointファイルを、ページ設定で大きくしたポスター用ページに、スライドごとにドラッグ＆ドロップで配置すれば作成することができる。

　スライドを配置する場合、窮屈にならないように周囲の余白を大切にする。余白が狭いと見てほしい事項が埋もれてしまう。

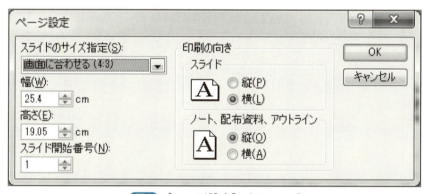

図8　［ページ設定］ダイアログ

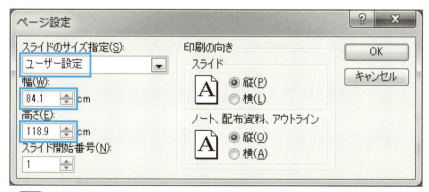

図9　［ページ設定］でA0サイズ縦長型「84.1cm×118.9cm」を設定する

第4章　レポート・報告書・論文の書き方

　ポスター全体の構成配置は、図10のようになる。基本的な項目を割り付けていき、1枚のポスターとして仕上げる工夫が大切である。

　ポスター発表の場合、はり付けられたポスターが目立つことが大切である。また、研究内容の論理的な流れが、一目で見やすいように配置されていることも重要である。

　ポスターのはる高さは、聴衆の目の位置よりやや上になるように、実験結果と考察が目線にくるように配置する。

図10　ポスターのプレート構成配置

4.4 コメントをもらえる研究成果の発表の仕方

　図11に筆者の研究生が国際会議で発表したポスター実例を示す。このポスターは学生が最初の国際会議で発表した時のものである。
　学生にとって英語での初めてのポスター発表であったので、発表原稿を見ずに、対面で説明することができるように、説明文書をポスター内に簡潔に記載した。
　発表内容を間違いなく発表するためにも発表メモがポスター内に記載されていることは良いことで、聴衆も黙読でき間違いなく内容を理解することができる。

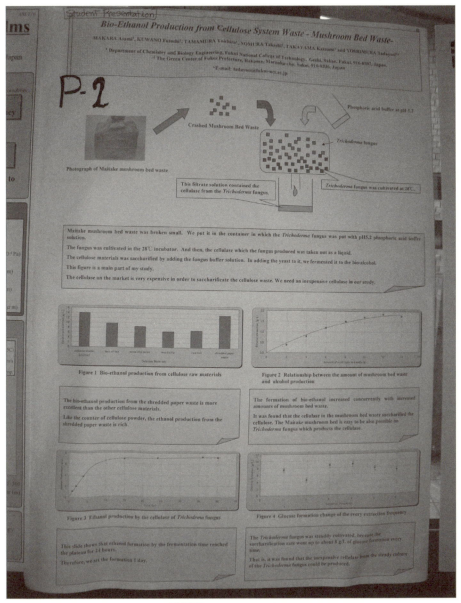

図11　ポスターの実例

第4章　レポート・報告書・論文の書き方

Q18 ポスター発表に臨む前に、何を準備しておいたらよいか、教えてください。

A18 口頭発表のときと同じように原稿を見ないでも発表できるように、事前に練習しておきましょう。ポスターが完成したら、研究室の出入り口にポスターをはり、通りがかりの人を捕まえて質疑をしてもらいます。
ポスターの記述に問題があれば訂正し、効率よく分かりやすい発表ができるように準備を怠らないことが大事です。

　初めてのポスター発表のときは、学会発表までに適当な場所にはり出し、通りがかりの人を捕まえて発表練習を行い、問題点を洗い出す努力も大切である。

　近年、ポスター発表で優秀なものを表彰する制度（ポスター賞審査）があり、学生にとって大きな挑戦である。大いにコミュニケーション技能を磨いてみるとよい。

　ポスターの印刷は、A4タイプのプリンタでは印刷できないので、プリントサービスショップなどを利用し、大型プリント（A0判）以上の印刷できるもので製作する。

　以上、研究・実験によってアイデアやひらめきを得て、ときめいた創造（発明・発見）という成果を、報告書や論文にまとめる方法を紹介してきた。

　自分が出した成果は、報告書や論文にすることによって、初めて公的な場で評価される。そのためには、読み手に伝わる書き方が必要になる。

　実験することで感じ得た「ときめき」を大切にし、インパクトのある文書で読み手に分かりやすく記述することが大事である。

CHAPTER 5

第 5 章

次につながるデータの
整理と分析活用法

第5章　次につながるデータの整理と分析活用法

　実験を終えたら、次につながるようにそのデータを整理する必要がある。データは整理することで価値ある情報になる。

　まず実験ノート内で整理した後、データはいつでも検索・探索できるようにデータベース化することが大事である。データベース専用のソフトを用いてもよいが、汎用のExcelも便利である。

　さらに、それらに伴う情報の分析・活用も重要である。特に、大量なデータとなれば、データマイニング技術が必要である。それはパターン認識法で分析する。

　そこで、教師付き学習で判別分析を、教師なし学習で主成分分析を演習する。

5.1　データベースの作成

　実験・研究で作成した実験ノートには、実験の手順、観察した記録、測定したデータなど、すべて正確に記載されていく。いろいろと思考し試してみた手順など試行錯誤の過程も、きちんと実験ノートで記載されている。こうして、実験結果が出るたびに実験ノートとデータが増えていく。

　データはそのままでは意味がない。使うためにはデータを整理・分析しておくことが不可欠である。

　次につながるための実験結果の整理法の1つとして、データベースの構築がある。

Q1　実験ノートがたまっています。どうすればいいですか？

A1　実験ノートは知的財産の一つです。実験ノートを参照しながら、アイデアやレポートの構成案をまとめてレポートを作成した後は、どうしますか？
　ただノートを積んで置くだけだと、ごみの山となりますね。そうしないためにもナンバリングを利用して、いつでも検索できるようにデータベース化します。
　もう不要と判断したノートは、小まめに整理することが大事です。

まず、講義などで使用したノートやメモ帳は、使わなかった白紙ページを取り除いて扱いやすくしておく。そして、何年か経って不要と判断した時点で処分する。データベースの資料置き場から外せばよい。

時系列の実験ノートが大量となった場合は、まるごとスキャナで取り込んでPDFファイルで電子化すると、紙の大学ノートを処分できる。

次に、自分の研究の背景となる文献資料・論文を、整理することが大切である。関連する論文は、思考が一致している著者別に分けて整理するとよい。

実験データは、電子データなどで大量なものとなるので、先に記述したように実験ノートでナンバリングしてデータベースとして活かせるように整理する。

Q2 ノートのデータベース化において Excelの使い方を教えてください。

A2 データベース化には小回りの利くExcelが便利ですね。データベース機能を上手に利用しましょう。

Excelはデータベース機能を持っており、手軽で小回りが利くので利用価値が高い。格納、検索、集計などの一連のデータベース処理には大変便利である。

データベースとしてExcelを使う場合、次の機能が使える（図1）。

（1）格納
（2）検索
（3）修正・置換
（4）集計・抽出

第5章　次につながるデータの整理と分析活用法

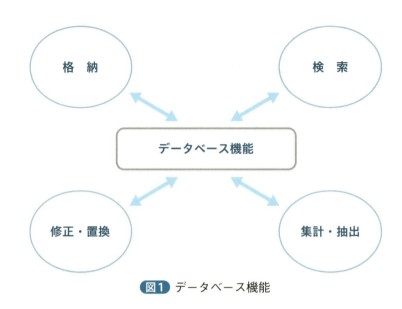

図1　データベース機能

　実験・研究で蓄積したデータを整理して、Excelでデータベースを作成するには、まずデータの整合を保つように整えておくことが大切である。
　Excelを利用した場合、表形式（テーブル）で整理できるので、複数のテーブルを関連づけることで、リレーショナルなデータベースが整備される。

Q3　Excelをデータベースとして使うときに、便利な機能を教えてください。

　Excelのシートは表機能のデータベースそのものです。表としての見出しを固定したり、フィルターを設定したりすると便利です。

　Excelには、データベースのように特定の条件をつけてデータ抽出する機能がある。
　大量の表形式のデータをスクロールすると、一番上の表題や見出しも一緒にスクロールして画面から消えてしまう。そこで、多くのデータを扱うときは、表題や見出しの列や行を固定するとよい。
　見出し項目を固定するには、「表示」－「ウィンドウ枠の固定」を選び、図2のよ

うに選択する。これで1行目の列見出しはスクロールされず、2行目以降の数値行がスクロールする。固定を解除したければ、「ウィンドウ枠の解除」を選択する。

データを抽出することも簡単にできる。例えばデータの中から、男性だけを表示させたい場合や、身長が170以上だけを表させたいなどの場合は、「フィルター機能」を使うと便利である。

フィルター機能は、見出し行をアクティブにした後、リボンの「データ」の「フィルター」をクリックすると、各見出しにリストボタン（▼）がセルの右端に付く（図3）。リストボタンをクリックすると、ドロップダウンリストが現れ、昇順・降順・並べ替え・数値などの検索したい条件がリスト表示される。

「昇順」による並べ替えを実行したのが図4である。すべての行単位のデータが図4では身長の昇順に並べ替えられた。

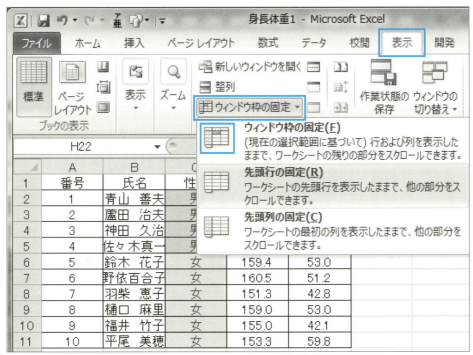

図2 「ウィンドウ枠の固定」で先頭行の見出しを固定する

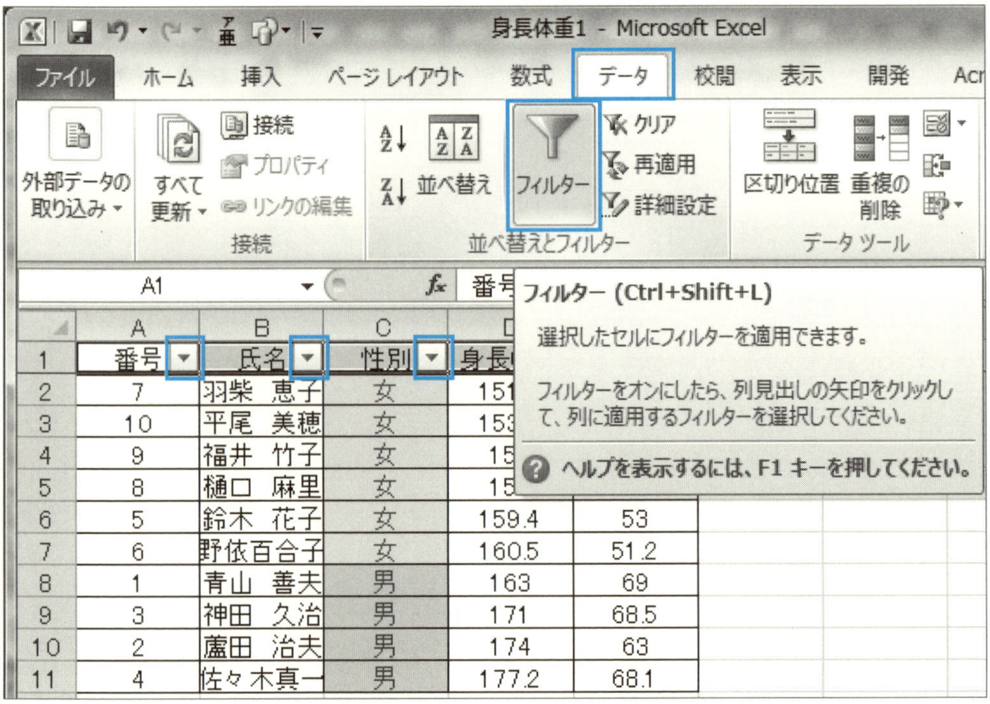

第5章 次につながるデータの整理と分析活用法

図3 見出しに「フィルター」を設定する

図4 見出しの「身長」(D列)のリストで「昇順」並べ替えを行った結果

　以上、データベース機能の一例を示した。これまで収録した実験データや文献情報をExcelシートでデータベース化すれば、必要に応じて検索することができる。

5.2 実験データを分析し活用する法

レポートや論文を書くとき、その分野で先行している研究成果や事実を、客観的な視点で踏まえた上で、自分の主張を展開する必要がある。その際、文献情報を探索することは、研究の立ち位置を定めるためにも重要である。

第2章で文献情報の検索について記述した。ここでは1つの研究テーマの整理に当たり、検索・調査によって収集された文献情報や測定データをどう整理し、その後必要に応じてどう探索し活用するかを考える。

Q4 データの整理で0次情報、1次情報、2次情報という区分がありますが、何のことかを教えてください。

A4 生データを整理・加工していくと、学術的価値に情報がまとめられていきます。
0次情報は、自分が実際に実験して得た最初の生データです。そのデータ群を自分なりに文書化しまとめたものが1次情報となります。
それを第三者が検索しやすいように加工したものが2次情報です。

実験で得られた測定データは、生データそのものであり、0次情報である。

測定条件を検証し、まとめられたデータは1次情報となる。実際に自分が調査・実験を行って得られた情報であり、加工されていない直接的なものである。

そして、そのデータが加工されて特性値となったものが2次情報であり、整理・加工された間接的な情報である。

0次情報に常に触れていれば、1次情報や2次情報の資料を読んでも、本質的な意味を見分けることができるようになる。

その流れをまとめると、データの加工による情報の発展となる（図5）。

第5章　次につながるデータの整理と分析活用法

　実験が一応終了しても整理されていないデータには予期されていない事柄が残っているものであり、そこから再利用可能な知識を掘り起こすことが大事である。

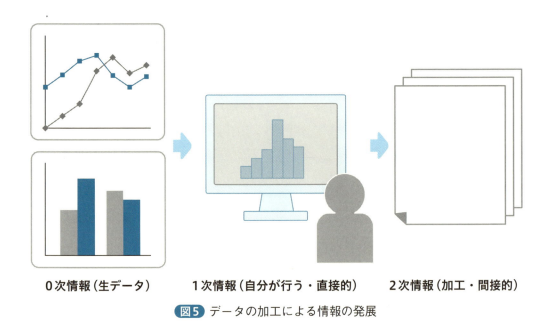

0次情報（生データ）　　1次情報（自分が行う・直接的）　　2次情報（加工・間接的）

図5　データの加工による情報の発展

  データの取り扱いで、データマイニングって何ですか。

A5　大量の測定データから、ある有用な規則性を見つけ出す手法をデータマイニングといいます。
データ全体を、ある規則性に従って並べ替えたり、グループ化したり、特性値や関連性を求めたりすることで、
ある傾向やパターンを見つけ出すことができます。
それにはパターン認識法などを用います。

　大量のデータ群（ビッグデータ）を取り扱う場合、データマイニング（data mining）技術が重要である。観測されたデータの中に隠れた規則性を見つけ出す技術である。
　マイニング（mining）とは、採鉱という意味で、広大な鉱山（大量のデータ）から

金脈(予想もしなかった価値あるもの)を見つけることである。

データマイニングによって、実験によって測定・収得された大量の多変量データを分析し、それから規則性や有用なパターンモデルを見つけることができる。

2つ以上の因子間で、それらの因果関係が分からない場合、規則性のある結果(ルール)をデータマイニングで発見することができる。

その手法として、パターン認識法がある。データの規則性から、モデルを見つけ、その比較によって予測・検知する。

大量のデータに対して仮説を立てて検証でき、また、新規な知識(クラス)を発見できる。データの中から価値あるものを生み出す場合、データを読み解く技術が大切になる。

データマイニング手法の基本処理は、次の5点である。

(1) データを抽出する
(2) データを並べ替える
(3) データをグループ化する
(4) データの特性を得る
(5) データ間の関係を知る

まず、測定されたデータからノイズ(誤差)を除去し、分析対象となるデータを抽出する。

次に、データの傾向により分析対象を並べ替える。

そして、カテゴリごとにグループ化し統合する。グループ化したデータ群の特性を得る。これは統計的分析に当たる。

最後に、データ間のクロス集計を行うことにより、その関係性を知り、適切なモデル(知識の表現)を作成する。

データマイニング手法の統計的分析法として、次の4つがある。

(1) 相関分析…………バスケットデータ分析(Basket Data Analysis)で相関ルールを抽出
(2) 回帰分析…………線形回帰、重回帰
(3) クラス分析………判別分析でクラス分類
(4) クラスタ分析……データを大まかに要約し、その全体像を把握するための探索的手法

第5章　次につながるデータの整理と分析活用法

　データマイニングには、仮説の検証と、知識の発見という2つの分析手法がある。
　仮説の検証は、前ページの（1）相関分析と（2）回帰分析の分析法で、予測することを目的志向とする。
　知識の発見は、前ページの（3）クラス分析と（4）クラスタ分析の分析法で、特性・パターン（クラス、類似性）を探求することを目的志向とする。
　データマイニングの全体の流れは、データを取得し、分析ができるようにデータをクレンジング（cleansing）し、分析してパターンを発見し、目標の結果を説明する、ということになる（図6）。つまり、膨大なデータからデータ解析して、視覚化しパターン化する流れである。

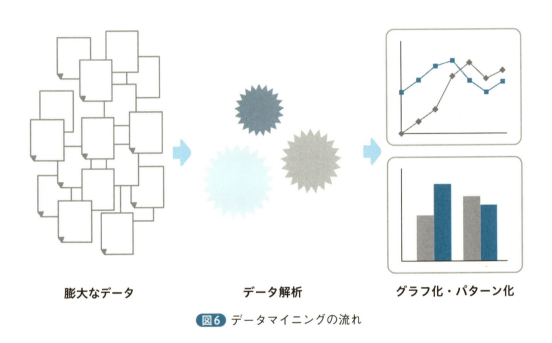

膨大なデータ　　　　データ解析　　　　グラフ化・パターン化

図6　データマイニングの流れ

5.2 実験データを分析し活用する法

Q6 パターン認識法で、教師付き学習と教師なし学習があるようですが、どういうことですか。初心者にも分かるように説明してください。

A6 データマイニングでパターン認識法といえば、専門用語が重なり、初心者にはなかなか理解しにくいデータ解析手法です。教師付き学習は、データ解析における予測や診断などに用います。なぜ教師付きかというと、統計解析において、多変量のデータを解析する場合、既知であるデータを訓練データとして、その知識を基にすることで未知データに対する対応力を上げるように学習するためです。学習するための知識の基（既知データ）があるので教師付きといいます。
これに対して、クラスの分布（特性の構造）を見つけるために、どのクラスに属するか分からないデータ群に対して、クラスを分類・分割するものを教師なし学習といいます。クラスの属性が未知なので、教師なしとなります。

　膨大なデータ量を取扱う上で、大規模なデータに対する高精度で高速な機械学習が注目されている。
　ここでは、大量のデータ処理による情報の探索法（データマイニング）としての機械学習の手法を紹介する。
　機械学習は、観測・収得されたデータを学習することで、データに潜在する特徴・特性を確率分布的に把握するものである。学習によって得られた知識を用いることによって新しいデータ入力に対して知的出力を行うことができる。それには、パターン認識法が用いられ、教師付き学習（supervised learning）と、教師なし学習（unsupervised learning）がある。
　教師付き学習とは、学習者が試行錯誤する中でデータ入力に対する出力（クラス）を与えられる知識で、どういう出力をすればよいかが分かる場合の出力モデルをいい、クラスを指定したデータを教師データ（訓練集合）という。
　ゆえに、入力が与えられたときの出力での条件付き確率分布の推定問題として取

第5章 次につながるデータの整理と分析活用法

扱われる。入力データとそれに対応すべき出力データを写像する関数モデルを生成する。

これに対して、教師なし学習とは、学習者がデータ入力を見ているうちにどのような出力(クラス・分類・パターン)が現れやすいか分かる場合の出力モデルをいう。

ゆえに、入力の確率分布の推定問題として取扱われる。既知の知識(クラス)なしのことを教師なしといい、そのデータ入力から関数モデルを構築する。

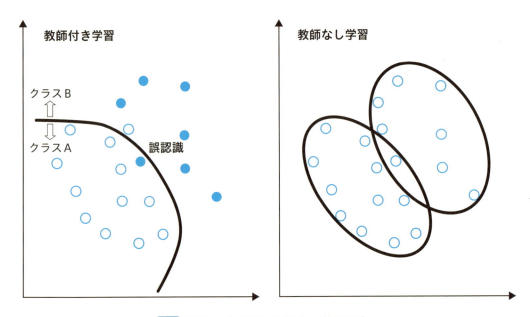

図7 教師付き学習と教師なし学習の違い

図7に教師付き学習と教師なし学習の違いを図示する。

教師付き学習の場合、クラスA(○)とクラスB(●)のクラスの属性が与えられており(教師)、この教師データを基にアルゴリズムが構築され、入力データに対し図7のような境界線を求めることができる。その結果、クラスAとクラスBに属する2つのデータが誤認識を起こしていることが分かる。

これに対して教師なし学習の場合、データの確率分布を推定し、発生確率(等高線)の写像から判断すると、2つのクラスがあることが分かる。この場合、主成分分析(第1と第2の主成分軸の写像)したとすると、教師付き学習で誤認識されても、第3主成分軸以降で正しいクラスに分類される可能性がある。

データマイニング手法にパターン認識法があり、その認識法には、教師付き学習にニューラルネットワーク、k-最近傍法、判別分析などがあり、教師なし学習に

主成分分析、因子分析、クラスタ分析などがある（図8）。

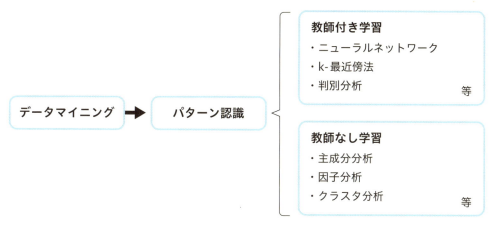

図8 データマイニング手法

ここでは、先の10名の身長と体重のデータを用いて、教師付き学習の判別分析をして演習する。

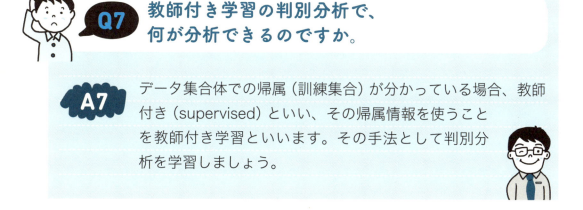

Q7 教師付き学習の判別分析で、何が分析できるのですか。

A7 データ集合体での帰属（訓練集合）が分かっている場合、教師付き（supervised）といい、その帰属情報を使うことを教師付き学習といいます。その手法として判別分析を学習しましょう。

身長と体重だけでは情報が足りないので、各自の体力測定データ（握力とボール投げのデータ）を加えた表1のデータで判別分析を行う。

第5章　次につながるデータの整理と分析活用法

表1 10名の基礎体力データ

番号	氏名	性別	身長(cm)	体重(kg)	握力(kg)	ボール投げ(m)
1	青山　善夫	男	163.0	69.0	32.5	33.6
2	蘆田　治夫	男	174.0	63.0	40.3	38.9
3	神田　久治	男	171.0	68.5	42.1	36.9
4	佐々木真一	男	177.2	68.1	46.2	39.1
5	鈴木　花子	女	159.4	53.0	24.3	25.3
6	野依百合子	女	160.5	51.2	24.5	23.6
7	羽柴　恵子	女	151.3	42.8	28.1	22.2
8	樋口　麻里	女	159.0	53.0	29.8	26.2
9	福井　竹子	女	155.0	42.1	23.3	23.1
10	平尾　美穂	女	153.3	59.8	38.2	26.1

　Excelのシートに表1のデータを設定する。性別は文字情報なので、男を「1」、女を「-1」と数値化して、判別分析のデータとする。男と女を数量化した表が図9である。

　性別を従属変数とし、身長、体重、握力、ボール投げを独立変数として、重回帰分析をワークシート関数「TREND( )」で予測する（図9）。

　セルI3に、以下のように関数と引数を入力したら、オートフィルを利用してセルI12までコピーする。

　　=TREND($D$3:$D$12, $E$3:$H$12, E3:H3)

　判別分析の判定は、重回帰分析の計算結果が正の場合に「男」、負の場合に「女」と判定させたいので、J列に判定のためのIF文を入力する。セルJ3に以下のようにIF文を入力し、オートフィルを利用してセルJ12までコピーする。

　　= IF(I3＞0, "男","女")

5.2 実験データを分析し活用する法

図9 のスプレッドシート（I3セルの数式バー: `=TREND($D$3:$D$12,$E$3:$H$12,E3:H3)`）

番号	氏名	性別	性別	身長(cm)	体重(kg)	握力(kg)	ボール投げ(m)	予測	判定
1	青山 善夫	男	1	163.0	69.0	32.5	33.6	0.812419	
2	蘆田 治夫	男	1	174.0	63.0	40.3	38.9	1.241236	
3	神田 久治	男	1	171.0	68.5	42.1	36.9	0.829113	
4	佐々木真一	男	1	177.2	68.1	46.2	39.1	0.897063	
5	鈴木 花子	女	-1	159.4	53.0	24.3	25.3	-0.7247	
6	野依百合子	女	-1	160.5	51.2	24.5	23.6	-1.20374	
7	羽柴 恵子	女	-1	151.3	42.8	28.1	22.2	-1.2795	
8	樋口 麻里	女	-1	159.0	53.0	29.8	26.2	-0.72041	
9	福井 竹子	女	-1	155.0	42.1	23.3	23.1	-1.03189	
10	平尾 美穂	女	-1	153.3	59.8	38.2	26.1	-0.81959	

図9 I列に回帰分析関数TREND()を使って予測する

判別分析1

番号	氏名	性別	性別	身長(cm)	体重(kg)	握力(kg)	ボール投げ(m)	予測	判定
1	青山 善夫	男	1	163.0	69.0	32.5	33.6	0.812	男
2	蘆田 治夫	男	1	174.0	63.0	40.3	38.9	1.241	男
3	神田 久治	男	1	171.0	68.5	42.1	36.9	0.829	男
4	佐々木真一	男	1	177.2	68.1	46.2	39.1	0.897	男
5	鈴木 花子	女	-1	159.4	53.0	24.3	25.3	-0.725	女
6	野依百合子	女	-1	160.5	51.2	24.5	23.6	-1.204	女
7	羽柴 恵子	女	-1	151.3	42.8	28.1	22.2	-1.280	女
8	樋口 麻里	女	-1	159.0	53.0	29.8	26.2	-0.720	女
9	福井 竹子	女	-1	155.0	42.1	23.3	23.1	-1.032	女
10	平尾 美穂	女	-1	153.3	59.8	38.2	26.1	-0.820	女

図10 J列にIF文を使って判定する

判別分析2

番号	氏名	性別	性別	身長(cm)	体重(kg)	握力(kg)	ボール投げ(m)	予測	判定	
1	青山 善夫	男	1	163.0	69.0	32.5	33.6	0.340	男	
2	蘆田 治夫	男	1	174.0	63.0	40.3	38.9	1.051	男	
3	神田 久治	男	1	171.0	68.5	42.1	36.9	0.529	男	
4	佐々木真一	男	1	177.2	68.1	46.2	39.1	0.743	男	
5	鈴木 花子	女	-1	159.4	53.0	24.3	25.3	-0.739	女	
6	野依百合子	女	-1	165.8	68.3	40.6	35.2	0.304	男	誤認識
7	羽柴 恵子	女	-1	151.3	42.8	28.1	22.2	-1.304	女	
8	樋口 麻里	女	-1	159.0	53.0	29.8	26.2	-0.784	女	
9	福井 竹子	女	-1	155.0	42.1	23.3	23.1	-0.950	女	
10	平尾 美穂	女	-1	153.3	59.8	38.2	26.1	-1.190	女	

図11 判別分析での誤認識の結果

　図10のように教師付き学習で教示した通り、判定は10名すべてで認識された。この課題では、すべてが教師付き学習通り認識された。

　もちろんデータによっては、誤認識される場合もある。男子4名、女子6名の体力測定の結果に対して、判別分析したが、当然のことながら、男子は男子の体力を

維持し、女子もその体力を維持していることが分かった。

　例えば、邪道ではあるが、野依百合子のデータを男型データの数値に変えてみて、再度、判別分析してみる。その結果が図11である。当然ではあるが、誤認識された。

　以上、教師付き学習として判別分析を学習した。判別分析では、識別関数として重回帰式を用いて予測し、出力された結果を判別し、外れたものを誤認識と判定する。

Q8　教師なし学習の主成分分析で、何が分析できるのですか。

A8　データ集合体での帰属が前もって分かっていない（その帰属情報を入手できない）場合、教師なし学習といいます。その手法として主成分分析を学習しましょう。

　教師なし学習の演習ができるツールが用意されていないので、ExcelのVBAを駆使して「主成分分析」を演習する。

　第3章「重回帰分析」の、ある河川流域の水質指標データ（図12）を用いて、主成分分析を行う。主成分分析についての詳細は専門書に任せる。

　ここでは、図13のようにVBAエディターを起動し、その標準モジュールに図16のような主成分分析のマクロコード（全文は巻末に掲載）を記入して、マクロ『主成分分析法』を実行する。

　マクロの主成分分析を実行する前に、Excelシートの準備として、3つのシートに「主成分データ」「主成分分析」「計算」というシート名を付けておく。

　シート「主成分データ」には、水質指標データ（図12）を入力する。

　シート「主成分分析」には、主成分分析の結果が出力される。

　シート「計算」には、分析計算の過程で分かる相関行列が出力される。

5.2 実験データを分析し活用する法

	A	B	C	D	E
1	主成分分析				
2	説明因子数	4	データ数	16	
3	No.	BOD (ppm)	COD (ppm)	SS (ppm)	TOC (ppm)
4	1	8	95	36	67
5	2	11	45	20	53
6	3	13	55	33	64
7	4	150	59	60	170
8	5	23	96	12	78
9	6	25	76	14	61
10	7	58	82	9	180
11	8	8	23	10	33
12	9	48	84	35	57
13	10	84	200	280	130
14	11	98	69	9	43
15	12	72	62	12	53
16	13	44	22	9	40
17	14	140	160	110	240
18	15	41	63	28	40
19	16	54	140	15	130

シート: 重回帰分析 / 主成分データ / 主成分分析 / 計算

図12 ある河川流域の水質指標データ (データは第3章より)

　実際には、主成分分析するデータ (第3章で重回帰分析した水質データ) を図12のように用意し、シート名を「主成分データ」と書き換える。次に、主成分分析法の計算過程を記述するための2つのシート名を「主成分分析」と「計算」と書き換える。

　主成分分析法のマクロコードでプログラムを実行するには、データのシート「主成分データ」と、図17のような相関行列を示すシート「計算」、それに図18のような主成分分析した結果を示すシート「主成分分析」を準備する必要がある。

　準備ができたら、図13のようにVBエディターを起動し、エディター画面で [挿入] − [標準モジュール] を選び、コードウィンドウを開き (図14)、巻末の「主成分分析のマクロコード」をWebページからダウンロード[*1]しコピー＆ペーストする (図15)。

---

*1　本書のWebサイトのサポートページからダウンロードできます (ZIP形式)。
　（サポートページ）⇒ http://gihyo.jp/book/2016/978-4-7741-8069-4

第5章 次につながるデータの整理と分析活用法

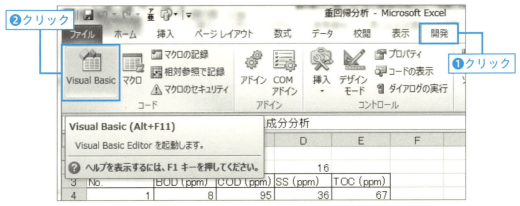

図13 VBA/Visual Basic Editorの起動

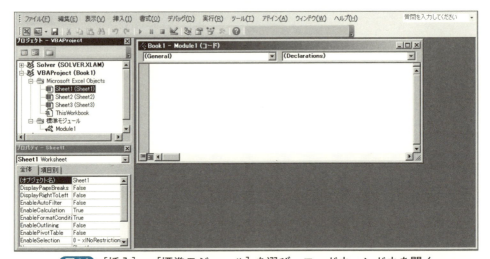

図14 ［挿入］－［標準モジュール］を選び、コードウィンドウを開く

図15 コードウィンドウへ入力。ダウンロードしたマクロコードをコピー＆ペーストする

図17が計算過程で、相関行列を記録してくれる。

主成分分析の結果は図18のようになり、16個のデータに対して主成分軸4つ(PC1, PC2, PC3, PC4)の分析値が出力される。

第1主成分軸(PC1)と第2主成分軸(PC2)の合計で、寄与率が86.9%なのでその両軸で散布図を描いたのが図19である。

```
(General)                                    主成分分析法
Sub 主成分分析法()
'-----------------------------------------
'   主成分分析法
'   Excel 2000 version
'   固有値と因子負荷量
'   version E3.0, 2000 December 28
'-----------------------------------------
Dim DX(60, 30) As Double
Dim NO(60), NNC(60) As Double
Dim DNA(20), SNAME(60) As String
Dim A(60, 60), V(60, 60), R(60, 60), M(60) As Double
Dim B(60, 65), AA(60, 60), CP(60), S(30), L(100, 100) As Double
Dim LA(60), U(60), Q(60), AL(60), BT(65), P(60), X(60), Y(60) As Double
'--- データの読み込み -----
Sheets("主成分データ").Select: Range("A1").Select
NF = Cells(2, 2)
NS = Cells(2, 4)
For j = 0 To NF
    DNA(j) = Cells(3, j + 1)
Next j
For II = 1 To NS
    NO(II) = Cells(3 + II, 1)
    For j = 1 To NF
        DX(II, j) = Cells(3 + II, 1 + j)
    Next j
Next II
'=========================================
Pno = NS                        ' データ数
If Pno < 2 Then Stop
n = NF: N1 = n + 1              ' 説明変数の数
If n < 2 Then Stop
Pn = Pno: If n > Pno Then Pn = n
EPS = 0.000001
For i = 1 To Pno
    For j = 1 To n
        A(i, j) = DX(i, j)
    Next j
Next i
For j = 1 To n
    Mp = 0
    For i = 1 To Pno
        Mp = Mp + A(i, j)
    Next i
    M(j) = Mp / Pno
Next j
For j = 1 To n
    Mp = M(j)
    For i = 1 To Pno
        A(i, j) = A(i, j) - Mp
        AA(i, j) = A(i, j)
    Next i
Next j
ZP = Pno: P1 = Pno
For i = 1 To n
    For j = 1 To n
        Sm = 0
        For K = 1 To Pno
```

図16 主成分分析のマクロコードの一部(全文は巻末に掲載)

第5章 次につながるデータの整理と分析活用法

	A	B	C	D	E
1	相関行列	列(1)	列(2)	列(3)	列(4)
2	列(1)	1	0.390887	0.393647	0.690524
3	列(2)	0.390887	1	0.759298	0.617835
4	列(3)	0.393647	0.759298	1	0.421236
5	列(4)	0.690524	0.617835	0.421236	1
6					
7		1	2	3	4
8	固有値	2.643076	0.832239	0.372843	0.151841
9	固有値の平方根	1.625754	0.912271	0.610609	0.389668
10	累積寄与率	0.660769	0.868829	0.962039	1
11					
12					
13	固有ベクトル	-0.46079	0.608265	-0.55252	0.335219
14		-0.53003	-0.41604	0.371611	0.638688
15		-0.48816	-0.54575	-0.4843	-0.47887
16		-0.51811	0.398848	0.567522	-0.50039

図17 計算過程

	A	B	C	D	E
1	主成分分析				
2	データ数	16	主成分数	4	
3		PC 1	PC 2	PC 3	PC 4
4	分散	2.643076	0.832239	0.372843	0.151841
5	標準偏差	1.625754	0.912271	0.610609	0.389668
6	累積寄与率	0.660769	0.868829	0.962039	1
7	主成分スコア				
8	S(1)	0.599588	-0.83405	0.513082	0.042121
9	S(2)	1.35428	-0.32161	0.071918	-0.37606
10	S(3)	1.037254	-0.4136	0.134079	-0.40826
11	S(4)	-1.51338	1.898218	-0.75025	-0.37404
12	S(5)	0.511811	-0.37441	0.606106	0.247235
13	S(6)	0.841466	-0.29956	0.254901	0.119921
14	S(7)	-0.5343	0.911909	1.025481	-0.48491
15	S(8)	1.868926	-0.2214	-0.1753	-0.45922
16	S(9)	0.39819	-0.24809	-0.15465	0.285426
17	S(10)	-3.62483	-2.2468	-0.76452	-0.20737
18	S(11)	0.349765	0.683191	-0.83743	0.758571
19	S(12)	0.59101	0.429199	-0.49756	0.366721
20	S(13)	1.455005	0.333251	-0.55876	-0.25109
21	S(14)	-3.475	0.938665	0.449732	-0.02257
22	S(15)	0.896504	-0.2158	-0.33797	0.139993
23	S(16)	-0.75628	-0.01912	1.021145	0.623532
24	因子負荷量				
25	X(1)	-0.74913	0.554903	-0.33737	0.130624
26	X(2)	-0.8617	-0.37954	0.226909	0.248876
27	X(3)	-0.79363	-0.49788	-0.29572	-0.1866
28	X(4)	-0.84232	0.363857	0.346534	-0.19499

図18 主成分分析の結果

5.2 実験データを分析し活用する法

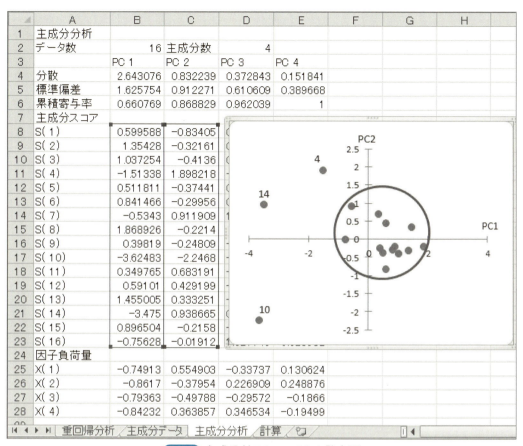

図19 主成分軸PC1, PC2の散布図

　図19の散布図より、採水地点の番号4、10、14では、グループから外れたプロットとなった。

　この主成分分析で分かったことは、ある河川流域での水質調査によって3つの地点での水質が異なることが分かった。このことから、3つの地点(4, 10, 14地点)に流入する河川水に、何らかの異常性が観察されたことになる。

　以上が教師なし学習での演習である。教師なし学習として主成分分析を学習した。主成分分析では、指針となる既知の知識(教師)がないので、入力データ間の距離や類似度によって出力結果を判断して、クラスを設定する。これは自己組織的学習である。

　データが多変量となると、統計解析が有用である。データマイニングとしてパターン認識法をマスターすると、より高度なデータ解析術が身に付く。
　以上、次につながるためのノートの整理法と、実験ノートからデータベースの構築とデータ解析法を記述した。

第5章　次につながるデータの整理と分析活用法

column　「次の研究につながるデータ整理」

　実験を遂行していると、データがどんどん蓄積される。その都度、整理しないと訳もわからないデータの山となり、単なる数値ごみとなってしまう。

　ルーチンワークとして、データ整理の成果を、後になっても研究情報として探索できるようにしておけば、次の研究につなげることができる。

　データ整理の成果を活かすためには、データが構築され、データ集合体の属性・意味が分かっている間にデータ解析し、事象の分析を進めることが重要である。

　その具体的な手法として、本章でデータマイニング術を解説した。

　データ整理をExcelで行っていると、標準装備の「分析ツール」だけでは物足りなくなるのは当然である。他のアプリのツールに走る人が多いが、ExcelのVBA機能を利用すると、大抵のデータ処理が可能になる。数値計算のためのBasicプログラム・コードが、Webや書籍などで公開されているので、それらを参考にしながら是非ともVBAを使って活用されたい。

CHAPTER 6

第 **6** 章

報告書の提出と論文の投稿

第6章　報告書の提出と論文の投稿

　未解決の研究テーマを設定し、実験ノートを活用して実験を行い、研究成果をまとめたら、成果を報告し発表することになる。

　研究を指示した上司や教授に対して報告書を提出し、研究グループ内で報告・ディスカッションした後、第三者に向けて論文を書き投稿して、その研究作業が一段落する。

　論文が掲載可となれば著作権が成立する。論文発表は公開告示なので、研究成果の発表と同時に特許を出願しないと知的財産権の特許権を失う。特許権が必要ならば出願する必要もある。

　ここでは、報告書、論文、特許の提出の際の注意点について記述する。

6.1　報告書の提出

　研究結果が出れば、あるプロジェクト問題に関して解決の有無（成功か失敗か）を問わず、報告書が提出される。

　報告書の形式は、日報、週報、月報、年報などといろいろある。報告書を提出するときの注意点をまとめる。

Q1 報告書にはどんな種類があり、またどんな形式で書けばいいですか。

A1 報告書の種類はいろいろなものがありますので、提出相手が要求する形式で作成し、自分の出した成果や結果を明記します。
報告書を受け取る相手の身になって、簡潔にまとめ、一読しやすいように箇条書きするのも方法です。

　報告書には、研究内容によっていろいろなものがある。課題の対処報告表、作業完了報告書、業務報告書、研究計画兼報告書、調査研究報告書など、仕事内容によって異なる。

報告書は報告者が誰に宛てた報告なのかを明確化することが大事である。報告の内容は項目に応じて箇条書きされるものもある。

研究・調査・実験に関する成果報告書には、内容はもちろん、報告内容の正確さと迅速さが求められる。事実を的確に報告し、あいまいな記述は避け、読み手が誤解や疑義を抱かないように注意する。

単に義務を果たしたという報告書は、受け手のことを考えていないので、配慮に欠けた文書になってしまう。報告書で最も大事な点は、提出相手に分かりやすいように簡潔にまとめることである。短文で書き、内容が多い場合は、箇条書きで視覚的に一読しやすく簡潔に分かりやすく書く。

グループ内報告では、研究・調査で分かった情報を全員が共有できるように記述する。

Q2 Eメールで提出する報告書の場合の注意点を教えてください。

A2 Eメールで送られる報告書でよくあることは、変換ミスをそのまま送信してしまうことです。特に発音が同じで意味の異なる単語は気づきにくいです。送信する前に、読み返して確認してから送信します。
電子ファイルを添付したEメールを送る場合は、メモリサイズの大きいファイル（画像写真など）を添付すると、届かないこともあるので注意しましょう。

事実・経緯・結果という報告内容を正確に伝えるための報告書メールは、日常の情報のやり取りの中でたいへん重要である。簡潔なメール文で相手が求める情報や確証事実を分かりやすく誤解の無いように伝える必要がある。

報告書は、紙媒体に限らずEメールでも提出される。メールは手軽で便利な通信手段であるが、万能ではない。その長所と短所を理解して利用することである。

メールのメリットは、いつでもどこでも読むことができることである。即座に相

第6章　報告書の提出と論文の投稿

手に送ることができ、ノートPCやスマートフォンを携帯していればどこに居てもいつでも読むことができる。他にも、ExcelやWord文書の送信、同時送信、送信履歴の保存などといったメリットがある。

逆にデメリットを挙げると、返信がないと相手に届いたか分からない、盗み読みされる危険性などがある。長所だけでなく、短所もあることを想定した対処が必要である。

報告メールは、メールタイトルを一目見るだけで何の報告かが分かるようにし、受ける相手が一番知りたいことを冒頭で記述する。受け手が画面上でも読みやすいように、1行空きで箇条書きにし、理解を助けるため写真、図表、資料等を添付する。

報告メールは、受け手が読まなければ報告は成立しない。受け手がメールを読める環境にいない場合もあり、急を要するときは、電話等で確認することも大切である。メールの発信は、一方的通行の場合があることも忘れないようにする。

Q3 Eメールによる報告文の書き方を教えてください。

A3 何についての報告なのか、きちんと件名を明記し、メールの送信者は誰なのか、送信者名を書いて、送信相手を確認してから、報告文を書きましょう。スマホや携帯電話のメールに慣れて、件名や署名を書かないものがありますが、それはメールを送る相手に失礼になります。メール報告での基本ルールを下記に示します。

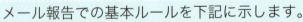

メール文の書き方には、次のような基本ルールがある。

(1) 件名の明記……件名が明記されていないと何のメールか分からない。見ただけで内容が分かるように書く。受信メール一覧に「無題」のメールを届けるのは失礼である

（2）宛名の明記……宛名はフルネームで一行目に書く。メールは手紙なので、「様」を付ける
（3）本文には挨拶不要……本文は用件のみを簡潔に記述する。冒頭に結論を書き、メールの趣旨を明記する。内容件数が多い場合は箇条書きし、相手の視点でシンプルに書く。内容ごとに段落を入れ、相手が理解しやすいように工夫する
（4）最後に署名を明記……メール本文の完結を明確にし、送信者の責務を明記する。相手に敬意を払う意味で最後に、「よろしくお願いします。」の定句を添える
（5）返信にお礼……相手の返信「Re: 」に対して確認の意味でお礼をメールする。「自分→相手→自分」の一往復半で用件を完結する
（6）添付ファイル……ファイルを添付することができるが、あまり大きなファイルを添付すると届かないことがある。プロバイダの制限やメールボックスの容量など通信環境にもよるが、1～2MBを目安にする。容量の大きいファイルは圧縮しサイズを縮小して送信する。どうしても大きいサイズのファイルを送る必要のあるときは、ファイル転送サービスを利用する

　メールアドレスの入力には、「TO」,「CC（Carbon Copy）」,「BCC（Blind Carbon Copy）」の3種類がある。メールを送るメインの相手のアドレスは「TO」に複数記入する。間接的に伝えておきたい相手には「CC」にアドレスを記入する。「BCC」は「CC」と同じ間接的な伝達であるが、異なる点は、相手にメールアドレスが表示されないことである。
　メール文を書き上げた後、必ず内容を確認する。特に、文字変換ミスや誤字や脱字をチェックし、メールの件名の欄を書き、文の最後に署名を書いてから送信する。
　送信ボタンを押す前に、宛先、内容、添付ファイルなどを、もう一度チェックする習慣を身に付けると、間違ったメールを送って後悔することがない。

6.2 論文の投稿

論文は、より多くの研究者に興味深く読んでもらい、高い評価をもらうために書く。その効果をより高くするために、インパクトファクタ IF (impact factor) の高い国際誌に投稿し、掲載されることを目指すものである。

国際誌は、科学研究において論文に対する信用度も高い。国際誌への掲載を目指すことによって、研究能力を高めることにもつながるので挑戦するとよい。

国際誌に投稿してもアクセプト率は低いが、それを目指して自分の研究能力を鍛えることも大切である。

 論文の投稿先について教えてください。

A4 論文は、世界中のより多くの研究者に評価してもらうために書くものです。そのためにインパクトファクタのある国際誌を投稿先に選ぶべきです。当然、英文で記述しなければなりませんね。

論文は査読という審査を必ず受けますので、英文表記はネイティブなものが要求されます。

国際誌に初めて投稿するとき、苦手な英語でいきなり書き始めると、正確な文体表現で論文を書くことができないものです。

日本語が思考言語である以上、最初は日本語で論文構成を書いた上で、翻訳する形で英文論文を仕上げることをお勧めします。

研究者は論文を英文で書き、国際誌に掲載されることで、世界から評価を受ける。世界へ羽ばたきたい研究者は、英文で論文を書き、国際誌に投稿する努力をしてほしい。

国際誌への投稿は、英文で論文を書かなければならない。しかし、最初から英文で投稿することは慣れないものだけに、おっくうになる。そこで、最初の研究成果は、まず日本語でわかりやすい論文を書いて、和文誌に投稿するとよい。

　日本には科学研究においていろいろな学会組織（学術団体）があり、それぞれで和文誌なる学術機関誌を発行している。

　研究者の中には、和文誌への投稿を邪道とする研究者もいる。特に大学などの学術研究機関における業績として、英文論文しかカウントしないところもある。

　しかしグローバル化が進めば進むほど、地域色豊かな情報や文化が際立ち、世界から注目されるようになり、差別化しやすくなる。

Q5　論文の投稿の方法を教えてください。

A5　インターネットが普及する前は、郵送で投稿していましたが、今日ではインターネットによるオンライン投稿がほとんどです。

　国際誌も和文誌も、投稿の方法はほぼ同じである。ほとんどのジャーナルで、インターネットによるオンライン投稿が一般的となっている。

　論文の投稿は結構面倒なので、投稿手続きをしてくれる代理業者もいるようであるが、学生のような初心者は、面倒な手続きでもその作業を自ら体験し、投稿技能を会得することが大事である。

　各学術機関よって、いろいろな投稿方式を定めているので、自分の研究と関連している学会のホームページでジャーナルへの投稿方法を学習するとよい。

　ここでは、「日本コンピュータ化学会」のオンライン投稿システムで、論文投稿の演習をしてみる。

第6章　報告書の提出と論文の投稿

Q6 投稿したいジャーナルの事務局（学術団体）の
ホームページに入ったら、
まず何をすればよいですか。

ホームページに入ったら、まず論文誌の投稿規定を読み、その規定に従った論文であることを確認します。規定に従っていないと、折角投稿しても破棄・却下されてしまうことがあります。
投稿先の会員であれば問題ありませんが、会員でなければ登録するなり、アカウントを取ります。
いざ、投稿できる段階になったら、投稿システムの指示に従って進めるだけです。
ここでは「日本コンピュータ化学会」のオンライン投稿システムで、論文投稿の演習をしてみましょう。

　投稿の具体例として、「日本コンピュータ化学会」のホームページ（図1）を使う。当学会では電子投稿システムをJ-STAGE（科学技術振興機構、総合学術電子ジャーナルサイト）に依頼している。

　まず、ホームページの「論文投稿規定」をクリックする。論文の投稿規定が表示されるので、その規定を熟読してから投稿する。投稿の際、どの学会でも投稿規定に準じた形式が整っていないと、リジェクトの対象となるので、細心の注意を払って準備する必要がある。

　この学会の論文誌（JCCJ）は、英文と和文の混合雑誌なので、投稿ページの説明も原則英文で表記されている。そこで、投稿ページを自動翻訳するとよい。図2以降の画面例は、ブラウザによるウェブページの翻訳なので、表示されている日本語は必ずしも適訳されていないが、何事が書かれているかは、ほぼ解読できる。

　図1で「電子投稿」をクリックすると、図2のページに移行する。登録アカウントがないと次のページに進めないので、図2の「新規ユーザ」（登録はこちら）をクリックして「ユーザID」と「パスワード」を登録し個人のアカウントを作成する。

　既に登録済みのユーザは、ログイン画面で「ユーザID」と「パスワード」を入力

6.2 論文の投稿

して、図3のページに移行する。

「日本コンピュータ化学会」は、投稿者と査読者との振り分けを、図3のページのようにボタンで選ぶようにしている。投稿者は「著者センター」をクリックして、図4の「著者ダッシュボード」のページに移行する。

図1 「日本コンピュータ化学会」のホームページにある「電子投稿」

第6章　報告書の提出と論文の投稿

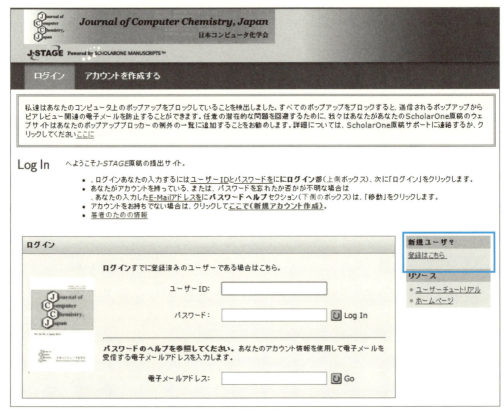

図2 電子投稿のページ（英文ページを自動翻訳したページ表示）

図3 投稿者（著者）とレビュー（査読者）との選択ページ（英文ページを自動翻訳したページ表示）

6.2 論文の投稿

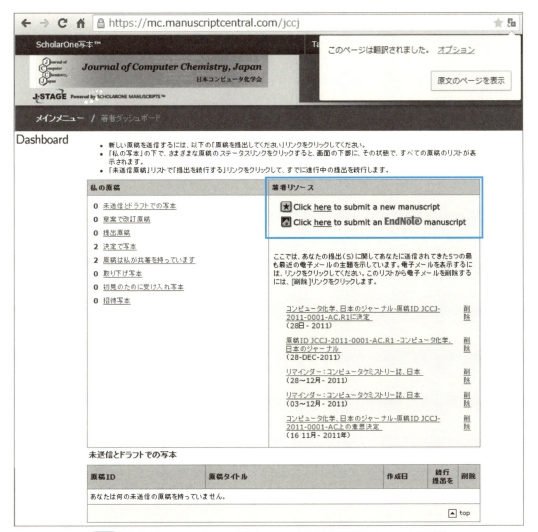

図4 著者ダッシュボード（英文ページを自動翻訳したページ表示）

　投稿は図4の「著者リソース」から入る。「著者リソース」では「Click here to submit a new manuscript」と「Click here to submit an EndNote manuscript」の2通りで投稿できる。
　後者のEndNoteでも投稿できるが、ここではそれを使わず、前者で投稿を試みると、図5のような原稿の提出ページとなる。

第6章　報告書の提出と論文の投稿

図5　原稿提出のページ（英文ページを自動翻訳したページ表示）

論文投稿の初心者のために、このページでの論文を投稿するまでの流れを示す。投稿までの手続きは、

① 原稿のタイプ、タイトルおよび抄録（要旨）
② 属性（原稿の種類）
③ 著者と機関
④ 査読＆エディター
⑤ 詳細＆コメント
⑥ ファイルのアップロード

⑦ 確認＆送信

となっている（図6）。

まず①では、投稿したい原論文の種類（タイプ）をダウンメニューから設定する。論文を「技術論文」で投稿するのであれば図7のように設定する。種類は、レビュー、レター、解説などがある。そして、論文の題名（タイトル）を入力する。

②属性（図8）では、課題タイプを「通常タイプ（通常号）」に設定し、キーワードを5つ以上入力する。論文のカテゴリーを1つ以上入力する。

③図9の著者と機関では、共著者を含め、全員の氏名、所属機関、電子メール先を記入する。英文自動翻訳のミスであるが、図9で所属機関が「Technologyの福井高専　日本」となっているが、正確に翻訳すると「福井工業高等専門学校」となるはずである。何とかわかるのでそのままとした。

図6　原稿ページの流れ

第6章　報告書の提出と論文の投稿

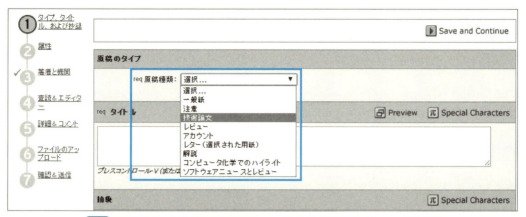

図7　原稿のタイプの選定（英文ページを自動翻訳したページ表示）

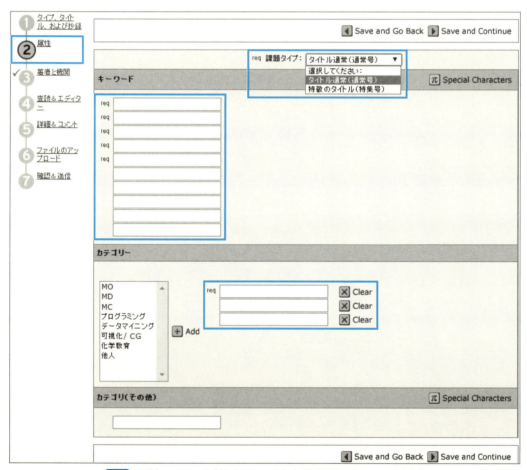

図8　属性のページ（英文ページを自動翻訳したページ表示）

6.2 論文の投稿

図9 著者名の記述ページ（英文ページを自動翻訳したページ表示）

 Q7 投稿ページでレフリー候補の選定項目がありますが、誰を候補に挙げればよいのか、教えてください。

A7 提案したレフリー候補が査読者となるとは限りませんが、自分の研究をよく理解してくれている研究者がいれば、その方を候補に挙げることは問題ありません。特別、誰も思い浮かばなくとも、周りの方に相談して必ず候補者を明記しましょう。

第6章　報告書の提出と論文の投稿

「日本コンピュータ化学会」は、④査読＆エディター（図10）において、査読に際して最適なレビューア（査読員）を指名することができ、関連する分野で経験豊富な研究者をレフリー候補に挙げることができる。このようにレフリー候補を投稿時に数名を指名する方式は、どの学会でも行っている。

レフリー候補は忙しい大先生より、現場で実際に研究に携わっている若手研究者を推薦するとよい。日頃から関連する学会や討論会に参加してコミュニケーションをとって、レフリー候補者となり得る若手研究者との人脈を築いておくことが大事である。

⑤詳細＆コメント（図11）では、投稿論文にカバーレターを添付できる。カバーレターには、メインテーマや要点を書いておく。論文の著者の少なくとも1人は会員であることと、第一著者（ファーストオーサー）が会員かどうかチェックされる。そして、確認事項と電子論文原稿CDの送付先を指定する。

⑥原稿ファイルのアップロード画面（図12）で、投稿論文のファイルをアップロードする。

最後に⑦確認＆送信では、図13のように赤字の「×」が付いていると不足箇所があることを示しており、それが消えるまで送信できない。図13では。原論文を投稿入力していないので、投稿手続きが完了していないと表示している。

図10　査読者の選定ページ（英文ページを自動翻訳したページ表示）

6.2 論文の投稿

図11 投稿事項の詳細を記入するページ(英文ページを自動翻訳したページ表示)

第6章 報告書の提出と論文の投稿

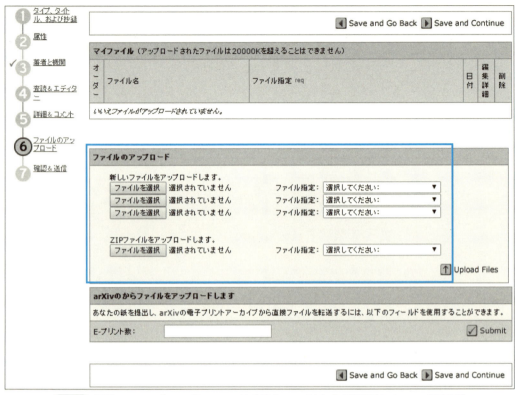

図12 原稿のアップロードのページ（英文ページを自動翻訳したページ表示）

6.2 論文の投稿

図13 確認＆送信のページ（英文ページを自動翻訳したページ表示）

以上、投稿の流れを図解して示した。これで一応の投稿手順が完了する。

第6章　報告書の提出と論文の投稿

Q8 投稿が完了して数週間が経ったのですが、投稿先から何の音沙汰(おとさた)もありません。どうしたらよいでしょうか。

A8 投稿して1カ月が経っても何も連絡がなければ、問い合わせてみましょう。

　投稿が完了すると、原稿の受理と審査結果の返事が待ち遠しいものである。投稿して1カ月が目安である。インターネットによる決裁が多いので、音沙汰がなければ当該学会に問い合わせてみよう。
　編集者が査読の連絡待ちなのか、もしくは、投稿ミスが生じていて投稿そのものが届いていないのか、などの諸事情を連絡してくるはずである。

Q9 審査結果が届いたときは、どのように対応すればベストなのか、教えてください。

A9 まず、審査結果にリジェクト（却下）を意味する表現がなければ、その対応次第で受理してもらえる可能性があります。彼らの指摘するコメントに忠実に回答し、修正すべきところは、真摯に対応にします。1つも無視せず、コメントごとに回答します。
最後に回答書を必ず添付して投稿します。

　審査結果が届いたら、まず、エディター（編集長）のコメント、レフリー（査読員）のコメント、送付した原論文を確認して、エディターとレフリーのコメントを完全に理解する。
　コメント文にリジェクトの言葉がなかったら、論文掲載の可能性があると判定されたことになる。つまり、改訂した原論文を返送すれば掲載可となるものである。

したがって、彼らのコメントに従ってもとの論文を再考し改訂する。彼らのコメントに対して一つひとつ言葉を選んで真摯な改訂をする。再考している時、改訂したい箇所を新たに見つけてもその部分は新規な提案となり、改めて審査の対象となる。ゆえに、改訂版原論文の場合、新規な提案は行わない。それを行うと、レフリーに対して詐欺行為を働いたことになる。指摘された箇所以外は直してはいけない。

再提出する際、どのように改訂したかを説明するレター（回答書）を添付する。彼らのコメントに対する原稿の修正は、1箇所でも修正不足や、非対応だったりするとアクセプトされない。再提出の際、彼らに対して感謝の意を示す言葉を、レターに必ず添えることを忘れずにする。

レフリーのコメントが何を意図しているのか分からない場合は、無視せず、何らかの返答を必ずする。コメントの意味をそれなりに解釈し回答する努力をすることである。レフリー（査読者）やエディター（編集者）は人間であり、誠実な対応には誠意を持って応えてくれる。

論文における掲載の可否はエディターが決定する。原論文の改訂は、エディターを納得させるものでなければならない。特に、国際誌やインパクトファクタの高いジャーナルを担当するエディターは、基本的にすぐれた論文だけを掲載したいので、厳しい審査を行いふさわしくない論文をリジェクトする。それがエディターの仕事である。

Q10 論文がリジェクトされた場合は、どのように対応すればよいですか。

A10 投稿先を間違えただけと考えて、論文のお蔵入りは絶対しないことです。

真剣に検討して研究してきた成果のはずなので、別のジャーナルを探し、論文内容を評価してくれる学会誌に再投稿しましょう。そのとき、なぜリジェクトされたかを真摯に受け止め、修正できる箇所は直しましょう。

自信のある研究成果があれば、どこかで受理してくれるはずです。健闘を祈ります。

リジェクトされて手元に戻ってきた原論文を、そのまま「お蔵入り」させる方もいるようであるが、まことに残念である。あるエディターの判断でリジェクトされただけであり、そのジャーナルでは不要とされたが、別のジャーナルで受けてくれるかもしれない。エディターからのコメントのリジェクトの理由を真摯に解読し参考にする。

エディターから別のジャーナルへの指示があった場合、それに従うとよい。自分を信じて、訂正する箇所は改訂し、他のジャーナルに粘り強くチャレンジすることである。

研究成果に自信があり、新しい事実を主張するため執筆した原論文は、掲載可となるまで挑戦する。リジェクトされた場合、投稿先のジャーナルのインパクトランクを落として再投稿することである。却下された場合は、インパクトファクタの高いジャーナルが自分の身の丈に合わなかったと判断して、合ったジャーナルに再度挑戦することが大事である。

成果に自信が持てれば、受理してくれるジャーナルがあるはずである。論文掲載の確率を上げ、論文の価値を維持できるジャーナルの分野と領域を吟味して投稿する。論文中に選択した「キーワード」でヒットしたジャーナルの中で選択する。リジェクトされてもあきらめずお蔵入りは絶対せず、研究者としての発表の場を確保する努力が必要である。

6.3 特許の出願

研究成果がでれば、新規な創作物の産業財産権を主張するために特許を国に出願する。

日本の大学や研究機関などでは、所属期間での研究成果に伴う知的財産を管理する組織として、知的財産委員会がある。

特許権が必要とあれば出願を担当してくれるので、相談することである。特許の出願には、費用が掛かる。

 特許は何のために出願するのですか。

特許を出願するメリットは下記のようになっています。

特許を出願するメリットは、次の3点である。

（1）競合に対する対抗……自分より後に他人が思いついた類似のアイデアや創作物（発明）を権利にさせない
（2）発明の利益……営業ツールとして利用できる
（3）独占権の付与…他人の模倣を排除できる

特許法での発明とは、自然法則を利用した技術的思想の創作のうち、高度のものとなっている。

 特許出願の流れはどのようなものですか、教えてください。

特許は、出願→公開→審査→登録・拒絶という流れで図14に示す通りです。

　特許権をとるには、「出願→公開→審査→登録または拒絶」という流れがある。特許の出願は明細書（特許請求の範囲・要約・図面）と願書（発明者の氏名・住所等）等を書き、特許庁に出願する。出願内容が刊行物（公開公報）で公開され出願番号が付けられ公開される。
　この段階は公開公報されただけである。出願しただけでは特許にならない。
　「審査請求」という手続きをして出願内容の審査を受ける。審査請求にも出願料と同様手数料が取られる。審査に合格すると登録の通知があり、特許料を納付すれば「登録」され、「特許原簿」に登録される。その結果、特許権が発生する。

第6章　報告書の提出と論文の投稿

　審査で不合格となった場合、出願人に拒絶理由が通知される。この拒絶理由を解決すれば合格となる。審査官の審査に不服があれば審判を請求することができる。詳細は特許庁の登録窓口に尋ねられたい。
　図14に特許の出願から登録までの流れを示す。

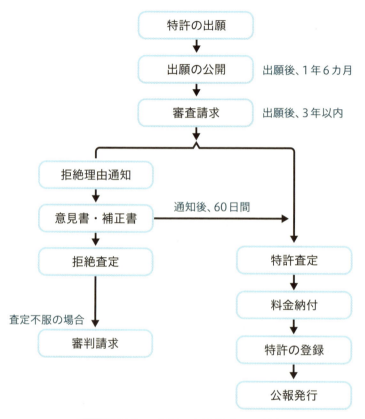

図14　特許の出願から登録までの流れ

 学会討論会で発表したとき、すぐに特許を出願するように指導されました。どうしてすぐ出願する必要があるのですか、教えてください。

 日本の特許制度は先願主義なので、特許権が必要ならばすぐに出願すべきです。

6.3 特許の出願

　特許権で保護される対象は、物、方法、物を生産する方法の発明である。権利が続く期間は出願から20年である。

　日本の特許制度は「先願主義」なので、先に特許を出願した人に権利が与えられる。全く別に発明したものでも、先に出願された事案があれば権利は認められない。

　出願する前に、先行技術調査を行い、審査基準となる新規性と進歩性についてその詳細を明確化する。新規性とは、すでに世の中に知れ渡っている発明でないことであり、進歩性とはその知識が容易に発明できないことである。

　出願に必要な明細書には、発明の実施形態を詳細に記述し、特許権を請求する範囲を記載する。

　特許出願は早い者勝ちであり、急ぐ必要がある。特許権は申請した国が認め、その権利を守ってくれる。ゆえに、グローバルな特許権を履行するには各国に出願する必要がある。

Q14 特許の出願はどのようにすればできますか。

A14 特許権は特許庁の事務処理では、出願さえすれば何でもかんでも受理するわけではないですよ。そこでの審査判定では「拒絶理由通知」が主な仕事になっています。ゆえに、出願時での拒絶理由を覆す応答対処は、素人には難しいです。
その点、もちはもち屋で弁理士は専門的な知識と技術をもっています。

　特許出願は、自分でインターネットオンラインでも出願できる。知的所有権センターで無料アドバイスを受けることもできる。しかし、報告書や論文の形式で書くのとは異なり、弁理士の知識がなければ出願書を完成することは難しいようである。

　新規なアイデアや発明に対して、特許文書の独特な言葉で表現する必要がある。

第6章　報告書の提出と論文の投稿

自分のアイデアを自分の言葉でなく、特許語に翻訳する作業があり、素人はなかなかその表現を使って文書化することは困難である。

　初めてであれば弁理士に任せるのがよい。自分では新規なアイデアとして出願しても既存のアイデアとの切り分け作業は、弁理士の方が得意である。

　弁理とは物事を判別して切り分けるということであり、それを担当する人が弁理士である。新規なものと既存のものとの切り分け作業は意外と難しい。特許の素人はその境界線が判断できず、拒絶理由の材料を提供してしまうものである。弁理士に依頼した方が確かで効率がよい。

　拒絶理由通知が届いてもがっかりすることはなく、拒絶理由通知に対して反論（意見書）や修正（補正書）を書き提出することにより、拒絶という審査判定を覆すことができる。その応答対処が弁理士の仕事である。

　経験豊富な弁理士でも1回も拒絶理由通知を受けることなしに特許登録となるのは少ないため、出願から特許後の管理までけっこう面倒な作業がある。

　いったん出願すると、その後に出願書類に書かれていない内容を追加することはできない。最初の出願において「拒絶理由通知」に備えて反論材料（明確な証拠）を明細書に仕込んでおくことが必要である。出願書類の段階で拒絶を問われる可能性のある点に対して反論できる明確な証拠・理由を盛り込んでおく巧妙さが必要なのである。

　出願して一回で登録されることは珍しいことなので、その対応経験豊富な弁理士に出願書類の作成を依頼する方が賢明である。

　以上述べてきたように、研究成果は、論文に書き、公式の場（ジャーナルや特許公報など）に掲載されることで、世間に公表されることになる。そうしなければ、実験ノートの記載のレベル（未公表）でとまっているのと同じである。

　研究・実験を通して「ときめいた」成果を公表することが大事である。

CHAPTER 7

第 **7** 章

研究のサイテーション （引用と著作権）

第7章 研究のサイテーション（引用と著作権）

研究は何のためにやるのか。

研究者からの回答は、「関連する分野で研究成果を第三者に評価してもらうために行う」である。大きな夢を言えば、ノーベル賞レベルで評価されることである。それには論文発表し、その研究が有用にサイテーションされなければ、何も起こらない。特許を出願し、権利が保障されているといっても、誰も使ってくれなければ特許料の無駄使いとなる。

逆に、先行知を利用しようとすると、それには知的財産権なる著作権と特許権が存在する。先行する研究成果は、知的財産権で守られているので、それらの利用には研究者として最低限の知識を身に付けなければならない。

7.1 著作権保護

新規に主張した論文や著作物などは、著作権で保護されている。原則的に独占排他的な利用ができる。その保護期間は創作と同時に発生し、著者の死後50年まで存続すると規定されている（日本では著作権法51条2項）。著作権を含む知的財産権の保護に関して世界貿易機関（WTO）加盟国で遵守されている。

Q1 著作権って何ですか。

A1 研究を進めていく中で、創作された著作物（論文）は著作権で守られています。著作権は図1に示すように、知的財産権の1つです。

著作権はコピーライト（copyright）とも呼ばれ、創作的に表現した著作物を排他的に支配する財産的権利である。著作権は、特許権や商標権と並ぶ知的財産権の1つである（図1）。著作者の権利として著作者人格権も著作権に含まれる。

実験ノートから発生する新しい創作・発見は著作権で保護される。

7.1 著作権保護

図1 知的財産権

　著作権のある著作物を、著作権者の許諾なしに無断で利用すれば著作権侵害となる。また、著作者に無断で著作物の内容や題名を改変したり、無断でコピーされたもの（例えば、海賊版）と知りながらそのコピーを配布したりすると侵害となる。

　著作権に関する詳細は著作権情報センターに尋ねられたい。知らなかったでは済まされない問題である。

　大学や学術研究機関が、科学における知と技術の創出拠点となることが期待される中で、残念ながら知的財産に関する問題や事件が発生している。

　それを解決する一策として、「実験ノート」の使用が推奨され、現場でも実践されつつある。理研のSTAP細胞事件以来、大学等の教育機関において「実験ノートを書く」ことの大切さが強調されるようになった。しかし、まだ「実験ノート」の導入・使用は十分とはいえない。

　研究の最前線でなくても、学生実験に関しても、実験ノートの作成技能は、学生にとっての研究者への通り道である。研究する上で、研究・実験の記録を付けることは当然の手法であるが、必ずしもその運用において実施されていないのが現状である。その導入を検討する大学でも試行錯誤の状態である。

　企業の研究所でも「実験ノートとその使用法」は、知的財産を保護・活用するためのノウハウの一つととらえられている。

7.2 著作物・論文の引用

著作物は著作権法で保護されている。論文は著作物そのものであり、業務上のコピーは侵害となるので、私的に使用するためにコピーしたものでも、その後の他人への配布は認められないことを理解する必要がある。

自分の主張する意見をサポートするため、論文やインターネットなどで公開されている考え（思考や論旨）や、図案（図表、デザイン）を引用するときは、論文の参考文献一覧と同様に、出典の所在リストを明記しなければならない。そうしないと、公開の場で無断利用したことになる。

 著作物である論文をコピーして第三者にあげても、問題はありませんか。

著作物を自由に使える条件は下記のような34項目が挙げられます。
コピー（複製）は私的利用のみですので、第三者に渡すことは著作権に触れることになります。注意しましょう。

著作物は、著作権が制限する範囲で自由に利用することができる。自由に使える条件は、著作権情報センターによると、次のような場合となる。

1. 私的使用の複製
2. 付随対象著作物の利用
3. 検討の過程における利用
4. 技術の開発または実用化のための試験に用いるための利用
5. 図書館での複製・自動公衆送信
6. 引用
7. 教科書への転載

7.2 著作物・論文の引用

8. 拡大教科書の作成のための複製
9. 学校教育番組の放送など
10. 学校における複製など
11. 試験問題としての複製など
12. 視覚障害者・聴覚障害者等のための複製など
13. 非営利目的の演奏など
14. 時事問題の論説の転載など
15. 政治上の演説などの利用
16. 時事事件の報道のための利用
17. 裁判手続きなどにおける複製
18. 情報公開法による開示のための利用
19. 公文書管理法による保存のための利用
20. 国会図書館法によるインターネット資料の複製
21. 翻訳、翻案等による利用
22. 放送などのための一時的固定
23. 美術の著作物などの所有者による展示
24. 公開の美術の著作物などの利用
25. 展覧会の小冊子などへの掲載
26. インターネット・オークション等の商品紹介用画像の掲載のための複製
27. プログラムの所有者による複製など
28. 保守・修理のための一時的複製
29. 送信障害の防止等のための複製
30. インターネット情報検索サービスにおける複製
31. 情報解析のための複製
32. コンピュータにおける著作物利用に伴う複製
33. インターネットサービスの準備に伴う記録媒体への記録・翻案
34. 複製権の制限により作成された複製物の譲渡

以上の場合で、許諾なしで自由に利用できる。

第7章　研究のサイテーション（引用と著作権）

 論文を引用するのは問題ないとのことでしたね。

A3 引用する場合、出典を明記すれば問題はありません。
文章を一部引用する場合、引用部分を「」などで区分します。本文と区別する表記にします。区分しないと盗用と見なされる場合もあります。
特に、デジタル時代なので、原文をコピー＆ペーストで、コピーした文書をそのまま使用しないことです。

　論文では、先行する研究の成果である公表論文の内容・記事を引用する場合が、無断で自由に利用できる条件にあたる（著作権法第32条）。出典を明記し引用すれば、先行する研究を引用し、研究するテーマの背景とすることができ、さらに、確証をもった研究裏付けの下で論文報告したことになる。

　公正な引用は、必要最小限に限り、出典を明記することであり、引用しすぎると、盗用と判定されることもある。

　引用部分はカギかっこ「」でくくるなどで記述し、本文と区別できるようにする。引用文は原文のまま取り込むことが必要であり、書き換えたり、削ったり、加筆したりすると、同一性保持権を侵害するので絶対行ってはいけない。

　インターネットで公表されている記事やWebページを丸コピーしたものは引用ではなく、転載したことになるので著作者の許諾を受ける必要がある。引用であることを明記せずに行った場合は盗用となる。

　引用の区別を怠り引用文なのにあたかも自分自身の言葉のように読まれてしまうと、自身の意図に関らず、剽窃（ひょうせつ）と見なされてしまう。

　自分の文書が、その論文の中で質的にも量的にも「主」で書かれ、引用部分が「従」という関係でなければならない。つまり、自分の論文が主体的で記述され、引用文献がサポートする主従関係であることがポイントとなる。あくまでも自分の主張を補強するために引用する。

Q4 論文の末尾の引用文献リストはどのくらい書けばよいですか。

論文では引用文献のリスト数が多ければ多いほど、すぐれた論文（先行知）にサポートされている証（あかし）です。そして、引用した文献は、すべてオリジナル論文から直接出典します。孫引きの引用は行ってはいけません。

　自分の主張する研究成果が、より多くの研究成果で裏付けされていることは、引用文献リストの量が保証してくれる。引用は内容そのものを参照する場合が多い。
　引用文献のリスト数が多ければ多いほどすぐれた研究成果に支えられたクリアな論文となり、サイテーションアップにつながる。多くの論文に引用されることは、一般的に歓迎すべきことである。
　論文の価値には、より多くのすぐれた研究情報を引用として提示できるかという点が、大きく関わってくる。
　引用する際、オリジナル論文・資料から直接引用しなければならない。すでに引用されたものを再び引用すること（孫引き）は、避けなければならない。
　出典を示す引用文献のリストの記述方法は、報告する論文誌の掲載体裁によりいろいろなタイプがあるのでそれらに従うことである。

Q5 サイテーションとは何ですか。

第2章をはじめ、いたる箇所でサイテーションについて記述してきましたが、ここで、サイテーションの意味を下記のように定義します。

第7章　研究のサイテーション（引用と著作権）

サイテーション（citation）とは、引用する（cite）こと、という意味である。

すぐれた先行知に裏付けされた論文は、たくさんの論文を引用し、それらの研究成果の背景の上に、成り立っている。

論文を発表した以上、多くの読者にとって興味ある内容が必要である。したがって、より多くの関連する論文によって引用（サイテーション）されなければ意味がない。

つまり、サイテーション率が高いほど、すぐれた研究成果をもった論文と認められたことになる。

さらに、サイテーション率の高い論文（被引用論文）を多く掲載したジャーナルが、インパクトファクター（IF）の高いものと判定されている。

Q6　インパクトファクターIFとはどういう指標なのか、教えてください。

A6　インパクトファクターは論文投稿先を選択する節（第6章）でも説明しました。
これはトムソン・ロイター社が著名な学術雑誌を厳選し、その被引用論文数を毎年カウントし発表しています。
被引用論文における日本でのトップ20を挙げると表1のようです。

インパクトファクターIF（impact factor）は学術雑誌の影響度を表す指標である。すぐれた論文は、インパクトファクターIFのいい論文誌に投稿されることが多い。それは被引用回数というIF指標の多いことが、論文の良し悪しの評価につながるからである。

IFデータはWeb of Science®（トムソン・ロイター社）から提供されている。Web of Scienceは、世界中の影響力の高い学術雑誌約12,000誌以上（2012年4月現在）を厳選し、包括的なアクセスを提供するオンライン学術文献データベースである。これに採択されていると、世界で最も権威と影響力のある高品質な学術雑誌

であると認定される。

　IFの高いトップ100に挙げられる論文はノーベル賞級のものではなく、各分野の研究で欠くことのできない実験方法やソフトウェアに関する論文が多い。

　その理由として、ライデン大学のウォターズ（Paul Wouters）は、2つの科学者の慣習があると指摘している。

（1）慣習1……科学者仲間間でしらせ合う標準的な参考文献になる
（2）慣習2……重要な発見は教科書等に掲載され、引用の必要のない用語になる

　被引用回数は、科学における時代の流れやブームに大きく左右されやすいものである。日本における被引用論文トップ20の研究機関の被引用論文数を表1に示す。

表1 被引用論文トップ20の研究機関の被引用論文数

トップ20	研究機関	被引用論文数	被引用論文数の割合（%）
1	東京大学	1311	1.6
2	京都大学	739	1.2
3	大阪大学	590	1.2
4	理化学研究所	557	2.3
5	東北大学	505	1.1
6	産業技術総合研究所	375	1.3
7	名古屋大学	339	1.1
8	東京工業大学	288	1.1
9	物質・材料研究機構	257	1.8
10	九州大学	254	0.8
11	筑波大学	232	1.1
12	北海道大学	207	0.6
13	広島大学	186	1.1
14	岡山大学	179	1.2
15	自然科学研究機構	148	1.2
16	慶応義塾大学	148	0.9
17	早稲田大学	144	1.3
18	神戸大学	138	1.0
19	高エネルギー加速器研究機構	122	1.9
20	千葉大学	111	0.8

出典：トムソン・ロイター日本オフィス、2015年4月16日発表

7.3 引用される論文の書き方

論文の被引用回数は、研究者の業績を評価する指標の1つにもなっている。引用回数とは、投稿した論文が他の研究者が論文の中でその論文を参考文献として引用した回数である。それは研究者の間でよく認知され、先行研究として引用されている指標である。引用回数の多さは、論文の質の高さを示す尺度にもなる。

研究者が自分の研究・実験した成果を論文発表することは、研究業績を公式の場に公開し、不特定の研究者に評価されるためである。

研究機関で職を持つ者にとって、研究成果を論文発表することが義務付けられている。ゆえに、業績目録のリストを多くするために量的に論文を連発する研究者もいる。研究成果が上がっていれば、問題はないが、論文内容の質を高める努力もする必要がある。

なぜなら、論文として掲載されても、他の研究者から引用されないものでは社会貢献できない。論文内容は、研究者仲間から、すぐれた先行研究として注目されるものでなければならない。

Q7 研究者から注目されるような論文を書きたいので、良い方法があれば教えてください。

A7 研究者から注目されるには、関連する抄録誌にリストアップされるように書くべきです。それには、日本語論文であっても、タイトル、氏名、アブストラクト、図表のキャプション、参考文献リストを英文で書かなければなりませんね。
日本語論文を引用する場合もローマ字表記して文末に「in Japanese」を付けておきましょう。

日本を牽引する科学技術分野で、日本語論文が世界の研究者間において注目されないのは残念である。そこで、日本語の論文であっても、タイトル、アブストラクト、図表のキャプション、参考文献リストは、英文で書くようにしたい。英文で書

かれていれば、世界中からチェックされるので、被引用文献の対象にもなる。

　日本語文献を引用する場合、英訳して引用すればよい。日本語の文献名を挙げる場合もタイトルをローマ字にして英文文献と同じように取扱う。正式な英訳単語がある場合は、括弧書きで引用するとより分かりやすい。

　日本語のローマ字表記には（in Japanese）を付加しておく。投稿する雑誌によって英訳化するルールが決まっている場合があればそれに従う。

　まずは、日本語論文の本文以外を英訳して日本語論文を公表することである。そうすれば世界中からチェックできるようになる。

　すべてが日本語であると、せっかく高度な内容の論文発表であっても、searchされず読まれないので、海外から認められないことが多い。

　歴史的な出来事の例がある。1970年に大澤映二博士が炭素60個で構成された分子を、サッカーボール分子として日本語雑誌に発明・予言を公開した。日本語だったため世界中の研究者からはチェックされずに15年が過ぎた。

　1985年に、スモーリー（R. E. Smalley）らが、フラーレンC_{60}として発見したと論文発表したが、その論文の中では大澤博士の予言した文献を引用しなかった。ノーベル化学賞を受賞したのは彼ら3人だけで、大澤博士の名前はなかった。

　先見性と確証性のある発明者がノーベル賞の受賞を逃した理由は、日本語でしかC_{60}の存在を提案していなかったことにあると筆者は考えている。

　日本語の論文は世界からチェック・引用されないのは事実である。だからといって、日本発のすぐれた科学技術の成果がすべて英文でしか報告できないようでは、日本語文化が廃れてしまう。今や、自動翻訳がインターネットで使える時代である。理想的には、日本語論文が英訳されて世界中で読まれることである。

　英訳を期待されるほど論文内容が興味深いものであれば、当然、英訳されて読まれる。例えば、世界中にファンがいて、毎年ノーベル文学賞にノミネートされる村上春樹の小説は、各国の言語に翻訳されて販売されている。これは極端な事例であるが、日本語論文の理想形である。

　世界中の研究者が注目し、第一番目に検索する文献雑誌は、CAS（Chemical Abstracts Service）のような抄録誌である。

　CASは、公開された論文のアブストラクトを編集したものである。検索の対象となるアブストラクトやキーワードが英文であれば、日本語論文でも世界の抄録誌はリストアップしてくれる。そして、論文引用データベースに収録される。

　リストアップされれば、世界の研究者からチェックされ、論文の引用が始まるは

第7章 研究のサイテーション（引用と著作権）

ずである。

　日本語論文は、原則日本の学術雑誌に投稿され、査読されて掲載される。掲載された時点で、雑誌の出版元がその論文の著作財産権を持つことになる。ゆえに、投稿者が日本語論文と全く同じ内容で英語論文を作成し、海外の学術雑誌に投稿すれば二重投稿となり、違反行為となる。日本の雑誌の出版元が英訳して英語版を出版することは、著作財産権が移動するわけではないので問題はない。しかし、出版元にも経済的な問題があり、日本語と英語で同じ内容の論文を発行することもできない事情がある。

　そこで、日本語で論文を書く場合、世界の抄録誌に収録されるための条件として、論文のタイトル、氏名、アブストラクト、キーワード、引用文献リストは英語で書き、後は日本語で書くとういスタイルを提唱したい。

Q8 英語が苦手なのですが、英文化するときどうしたらよいですか。

A8 英語圏以外の人が、英語をいくら勉強してもネイティブにはなれません。そこであきらめないで、英文化するときに英語のネイティブを見つけておくことです。もしいなければ、有償でネイティブ・チェックしてくれる業者を探すことです。
日本人独特の英語論文のまま、投稿しないことが大事です。

　日本人の書く英語は、ネイティブの書く英語と比べると、長文になりやすい。英語ネイティブの研究者は、短い文章に読み慣れているので、読みづらいものらしい。加えて、日本で学習する英文法に忠実な英文表現は、ネイティブには使わない表現が多く、解読しにくいものとなる。

　アブストラクトは論文全体のまとめなので、それを読めば論文の内容全体（概要）が分かるように、ネイティブに理解される英文表現をしなければならない。

　したがって、日本人独特の英語のまま投稿せず事前に、必ず英語ネイティブに英文チェックをお願いすることである。自分の周りにネイティブがいない場合、英文

7.3 引用される論文の書き方

添削サービス業者に依頼するのも一手である。

日本の国内で研究活動しながら英語のネイティブになることは無理であり、素直にお世話になるのも合理的である。英語圏の国ではないので、語学に費やす時間やエネルギーがない場合はなおさらのことである。

研究のグローバル化によって、ネイティブが理解できる英語表現を必要とする機会がますます多くなっている。

筆者の体験した例を挙げる。京都大学で理学研究を行っていたとき、日本化学会の欧文誌「Bulletin of the Chemical Society of Japan」に、単独名で論文を掲載するように指導された。日本人で化学を研究しているなら、その欧文誌に単独名の論文を掲載してもらいたいものであり、若かりし頃の筆者もそれに挑戦した。

投稿後、受け取った査読の第一報の結果は、散々なもので、「英語表現が不明で読めません。」という厳しい審査であった。主張したい論旨すら解読してもらえなかったことを覚えている。

当然、査読者は、英語のレベルが低いものを内容まで見ようとしてくれない。その経験のお陰から、論文を書くときの英語表現には、何を言われても、打たれ強くなった。

日本語は、長い歴史の中で、漢字を借用し、それを基に「かな」という日本独自のアルファベットを生み出した。西洋文化を導入する段階で、外来語をカタカナ表現でそのままの音で読んだり、和製英語を生み出し、日本語の語彙を増やしてきた。ゆえに、英語も和製英語として定着し、英語へ翻訳する時にもそれを使ってしまう傾向がある。

日本語には単数と複数の区別がないので、同じ単語であっても意味が異なることがなかなか理解できない。

さらに、投稿先の学術雑誌によっても、好む英語表現や専門用語があるため、日本人にはかなり不利である。

不利な状況ではあるが、英語圏の読者に通用しないのも困るので、できるだけ若いうちに通用する英語表現を身に付けられたい。

第7章　研究のサイテーション（引用と著作権）

Q9 高校で英語が得意だったので、論文の冒頭から英語で書いてもよいですか。

A9 日本で勉強しただけで、論文を英語で書き始めるのは勧めません。
日本人は、日本語で論文作成を思考しているはずです。まずは日本語で論文構成を書き、論文全体の内容が決定した段階で英文化しましょう。
日本語で分かりやすい内容に書けないのに、英語で書いたら、その論文はますます分かりづらいものになるはずです。でも、英語論文には挑戦してください。

　学校教育では、英語表現が重要視され、小学校低学年から英語教育が導入されているが、これにも問題があると思う。
　文章を論理的に組み立てるときには、それなりの語学力と語彙が必要である。日本語を母国語とする日本人が論理的な作文をするには、日本語表現での文書作成能力が必要である。
　日常会話ができても、文章を書けない英語圏の人は多くいる。学術的な文章は日常会話の文体とは大きく異なっている。
　筆者が経験した英語教育は、英文法中心のものであったので、日本語で考えてそれなりの英語表現で英文を書くことができる。それが日本人独特の英語だといわれ低いレベルといわれても、何とか通用する英文を論理的に書くことができた。
　しかし、日本語で文章を書けない人は、当然英文を書く語学力ももっていない。英語を不得意とする方は、日本の語学力でまず論理的な構成の論文を書き、その後で英文に翻訳することを勧める。
　科学論文は、論理的な展開がなければ成り立たない。正確な日本語表現ができていれば、翻訳時に論旨が変わるような間違いを起こすはずもない。信頼される論文を書くためには日本語で書くことである。
　日本人独特の英語表現は、英文添削サービスに出せば、十分理解してもらえる範

囲の英語表現に直ってくるはずである。

　英語は不得意だから英文論文は書かない、という消極的な考えになるのだけはやめよう。グローバル化した現代に生きる研究者として、英語の不得意を恥じず、どんどん英文論文に挑戦されたい。

　よくできた研究成果を論文発表すると、関連する第三者からの好評が欲しくなるものである。そのためには、インパクトのある論文を作成することである。

　世界中の研究者の目に留まるようにするには、研究関連の抄録誌にリストアップされるように、英文構成で論文を書くことが大事である。

　世界に挑戦する研究者となるために。

> ### column 「実験を楽しみ、ときめきを伝えるために」
>
> 　実験するのは楽しいが、論文を書くのは楽しくないという人は多い。
>
> 　実験好きなら、視点を変えて、論文書きも実験の一つと考えてみてほしい。実験ノートにこまめにメモしていくことも実験なのである。
>
> 　そうすれば、実験中に楽しめた「ときめき」の記録がいつの間にかできているはずである。そのときめきを、自分の言葉で簡潔にまとめれば、読み手にも「ときめいた実験の成果」が伝わるはずである。
>
> 　日本語論文が世界からチェックされるためには、抄録掲載項目を英訳しCASなどの抄録誌にリストアップされることである。論文に「ときめいた」研究成果があれば、必ず収録される。収録されれば、日本語論文でも翻訳される可能性が高くなる。
>
> 　論文作成する時は、翻訳されることも考えて、正しい日本語で作成するようにしたい。それを身につけるためにはどうしたらよいか。
>
> 　まず、自分で書いた日本語論文を翻訳ソフトで英訳し、次にその出力された英文をさらに翻訳して日本語にする。
>
> 　すると、正しい文法の日本語で構成された論文なら、英訳経由の翻訳結果が自分の主張したい日本語表記になっているはずである。このとき、ネイティブが読める英文表現ができていたことになる。このようにして、自分が主張したい内容の論文を書く訓練をするとよい。
>
> 　何事も実力を身に付けるには、繰り返しのトレーニングあるのみである。
>
> 　こまめにメモをとるくせをつけ、実験の「ときめき」を実験ノートの記録として残すようにしよう。
>
> 　世界に通用する科学研究を、楽しく遂行するために。

主成分分析のマクロコード

```
Sub 主成分分析法()
'-------------------------------------
'   主成分分析法
'   Excel 2000 version
'   固有値と因子負荷量
'   version E3.0, 2000 December 28
'-------------------------------------
Dim DX(60, 30) As Double
Dim NO(60), NNC(60) As Double
Dim DNA(20), SNAME(60) As String
Dim A(60, 60), V(60, 60), R(60, 60), M(60) As Double
Dim B(60, 65), AA(60, 60), CP(60), S(30), L(100, 100) As Double
Dim LA(60), U(60), Q(60), AL(60), BT(65), P(60), X(60), Y(60) As Double
'--- データの読み込み -----
Sheets("主成分データ").Select: Range("A1").Select
    'シート名 "主成分データ"
NF = Cells(2, 2)
NS = Cells(2, 4)
For j = 0 To NF
    DNA(j) = Cells(3, j + 1)
Next j
For II = 1 To NS
    NO(II) = Cells(3 + II, 1)
    For j = 1 To NF
        DX(II, j) = Cells(3 + II, 1 + j)
    Next j
Next II
'==============================================
Pno = NS                  ' データ数
If Pno < 2 Then Stop
n = NF: N1 = n + 1        ' 説明変数の数
If n < 2 Then Stop
Pn = Pno: If n > Pno Then Pn = n
EPS = 0.000001
For i = 1 To Pno
    For j = 1 To n
        A(i, j) = DX(i, j)
    Next j
Next i
For j = 1 To n
    Mp = 0
    For i = 1 To Pno
        Mp = Mp + A(i, j)
    Next i
    M(j) = Mp / Pno
Next j
For j = 1 To n
    Mp = M(j)
    For i = 1 To Pno
        A(i, j) = A(i, j) - Mp
        AA(i, j) = A(i, j)
    Next i
Next j
ZP = Pno: P1 = Pno
For i = 1 To n
    For j = 1 To n
        Sm = 0
        For K = 1 To Pno
            XI = A(K, i): XJ = A(K, j): Sm = Sm + XI * XJ
        Next K
        V(i, j) = Sm / (Pno - 1): V(j, i) = Sm / (Pno - 1)
    Next j
Next i
For i = 1 To n
    V(0, i) = Sqr(V(i, i))
Next i
For j = 1 To n
    SD = V(0, j)
    For i = 1 To Pno
        AA(i, j) = AA(i, j) / SD
    Next i
Next j
' ----- 相関行列 -----
Sheets("計算").Select: Range("A1").Select
    'シート名 "計算"
Range("A1:Z100").ClearContents
Cells(1, 1) = "相関行列"
For i = 1 To n - 1
    If V(0, i) < EPS Then GoTo L1930
    For j = i + 1 To n
        If V(0, j) < EPS Then GoTo L1920
        R(i, j) = V(i, j) / (V(0, i) * V(0, j))
        R(j, i) = R(i, j)
L1920:
    Next j
L1930:
Next i
For i = 1 To n
    If V(0, i) < EPS Then GoTo L1970
    R(i, i) = 1
L1970:
Next i
For j = 1 To n
```

```
        Cells(1, 1 + j) = "列(" + Str(j) + ")"
        For i = 1 To n
            Cells(1 + i, 1) = "列(" + Str(i) + ")":
Cells(1 + i, 1 + j) = R(i, j)
        Next i
    Next j
    Mp = n: Rw = 2 + n
    For i = 1 To n
        For j = 1 To n
            A(i, j) = R(i, j): B(i, j) = R(i, j)
        Next j
    Next i
    ' ----- 固有値と固有ベクトル -------
    N2 = n - 2: EPS = 0.00001: ZPS = EPS ^ 2: YPS = 1
/ ZPS
    GoSub L2390
    GoSub L2840
    CP1 = 0
    '--- 主成分分析の結果 ------
    Cells(Rw + 2, 1) = "固有値"
    For i = 1 To n
        Cells(Rw + 1, i + 1) = i
    Next i
    Cells(Rw + 3, 1) = "固有値の平方根"
    Cells(Rw + 4, 1) = "累積寄与率"
    For K = 1 To n
        GoSub L3230              ' 逆行列
        CP1 = CP1 + LA(K)
        Cells(Rw + 2, K + 1) = LA(K)
        CP(K) = CP1 / n
        Cells(Rw + 3, K + 1) = Sqr(LA(K))
        Cells(Rw + 4, K + 1) = CP1 / n
        Cells(Rw + 7, 1) = "固有ベクトル"
        For i = 1 To n
            Cells(Rw + 6 + i, K + 1) = V(i, K)
        Next i
    Next K
    Rw = Rw + 6 + n
    GoTo L4380
L2390:
'-----
    If N2 < 1 Then Return
    For K = 1 To N2
        Sm = 0: K1 = K + 1
        For i = K1 To n
            Sm = Sm + B(i, K) ^ 2
        Next i
        W = B(K1, K)
        Sm = Sqr(Sm) * Sgn(W)
        U(K1) = W + Sm
        B(K1, K) = Sm: B(K, K1) = Sm
        For i = K + 2 To n
            U(i) = B(i, K)
        Next i
        U2 = 2 * (Sm * Sm + W * Sm): U1 = U2 / 2
        If U1 < E - 10 Then GoTo L2820
        For i = K1 To n
            T = 0
            For j = K1 To n
                T = T + B(i, j) * U(j)
            Next j
            P(i) = T / U1
        Next i
        ALp = 0
        For i = K1 To n
            ALp = ALp + U(i) * P(i)
        Next i
        ALp = ALp / U2
        For i = K1 To n
            Q(i) = P(i) - ALp * U(i)
        Next i
        For i = K1 To n
            For j = i To n
                B(i, j) = B(i, j) - U(i) * Q(j) -
Q(i) * U(j)
            Next j
        Next i
        For j = K1 To n - 1
            For i = j + 1 To n
                B(i, j) = B(j, i)
            Next i
        Next j
L2820:
    Next K
    Return
L2840:
' ---- 二分法 ------
    For i = 1 To n
        AL(i) = B(i, i)
    Next i
    For i = 1 To n - 1
        BT(i + 1) = B(i, i + 1)
    Next i
    BT(1) = 0: BT(n + 1) = 0: RO = -YPS * 100: LO =
YPS * 100
    For i = 1 To n
        If RO > AL(i) + Abs(BT(i)) + Abs(BT(i + 1))
Then GoTo L2970
        RO = AL(i) + Abs(BT(i)) + Abs(BT(i + 1))
L2970:
        If LO < AL(i) - Abs(BT(i)) - Abs(BT(i + 1))
Then GoTo L2990
        LO = AL(i) - Abs(BT(i + 1)) - Abs(BT(i))
L2990:
```

付録

```
Next i
For K = 1 To Mp
    R1 = R0: L1 = L0
L3020:
    H = (R1 + L1) / 2
    GoSub L3110
    If LL < K Then R1 = H: GoTo L3070
    L1 = H
    RR = 1: If Abs(R1) > 1 Then RR = Abs(R1)
L3070:
    If Abs(R1 - L1) > EPS * Abs(RR) Then GoTo L3020
    LA(K) = (R1 + L1) / 2
Next K
Return
L3110:
' ------
Q0 = AL(1) - H: LL = 0
If Q0 >= 0 Then LL = 1
For i = 2 To n
    If Abs(Q0) < ZPS Then Q1 = AL(i) - H - Abs(B(i - 1, 1)) * YPS: GoTo L3190
    Q1 = AL(i) - H - BT(i) ^ 2 / Q0
L3190:
    If Q1 >= 0 Then LL = LL + 1
    Q0 = Q1
Next i
Return
L3230:
' -------- 逆行列 ---------
KK = 1
If CC > 0 Then CC = CC - 1: GoTo L3710
L3280:
For i = 1 To n
    For j = 1 To n
        B(i, j) = -A(i, j)
    Next j
Next i
For i = 1 To n
    B(i, i) = B(i, i) + LA(K)
Next i
If KK > n Then KK = 1
For i = 1 To n
    B(i, N1) = 0
Next i
B(KK, N1) = 1
For i = 1 To n
    Pno = 0
    For II = i To n
        If Pno >= Abs(B(II, i)) Then GoTo L3460
        Pno = Abs(B(II, i)): IR = II
L3460:
    Next II
    If IR = i Then GoTo L3510
    For j = 1 To N1
        SWAP = B(i, j)
        B(i, j) = B(IR, j)
        B(IR, j) = SWAP
    Next j
L3510:
    GoSub L4010
Next i
W = 0
For i = 1 To n
    W = W + Abs(B(i, N1))
Next i
If W < 100 Then KK = KK + 1: GoTo L3280
For i = 1 To n
    X(i) = B(i, N1) / W
Next i
GoSub L3730
LA(K + CC) = LAw
If CC > 0 Then GoSub L4160
For II = 1 To n
    V(II, K + CC) = X(II)
Next II
If K + CC = Mp Then GoTo L3710
If Abs(LA(K + CC) - LA(K + CC + 1)) > EPS * Abs(LA(K + CC)) Then GoTo L3710
CC = CC + 1: KK = KK + 1
If KK > n Then KK = 1
GoTo L3280
L3710:
Return
L3730:
' ------- べき乗化 --------
For II = 1 To n
    For j = 1 To n
        B(II, j) = A(II, j)
    Next j
Next II
For II = 1 To n
    W = 0
    For j = 1 To n
        W = W + B(II, j) * X(j)
    Next j
    Y(II) = W
Next II
W = 0
For II = 1 To n
    W = W + Abs(Y(II))
Next II
LAw = W * Sgn(LA(K)): W = 0
For II = 1 To n
```

```
        W = W + Y(II) ^ 2
    Next II
    W = Sqr(W)
    For II = 1 To n
        X(II) = Y(II) / W
    Next II
    Return
L4010:
' ------ 掃出し ------
    W = B(i, i): If W = 0 Then W = 0.00001
    For II = 1 To N1
        B(i, II) = B(i, II) / W
    Next II
    For II = 1 To n
        If II = i Then GoTo L4130
        For JJ = i + 1 To N1
            BJ = B(i, JJ): BI = B(II, i)
            B(II, JJ) = B(II, JJ) - BJ * BI
        Next JJ
L4130:
    Next II
    Return
L4160:
' ------- 正規直交 --------
    For i = 1 To CC - 1
        W = 0
        For II = 1 To n
            W = W + V(II, K + 1) * X(II)
        Next II
        For II = 1 To n
            X(II) = X(II) - W * V(II, K + 1)
        Next II
    Next i
    W = 0
    For i = 1 To n
        W = W + X(i) ^ 2
    Next i
    W = Sqr(W)
    For i = 1 To n
        X(i) = X(i) / W
    Next i
    Return
L4380:
' --------- 主成分分析 ----------
    For i = 1 To P1
        For j = 1 To n
            Sm = 0
            For K = 1 To n
                Sm = Sm + AA(i, K) * V(K, j)
            Next K
            A(i, j) = Sm
        Next j
    Next i
' ---主成分の出力---
    Sheets("主成分分析").Select: Range("A1").Select
            'シート名"主成分分析"
    Range("A1:Z100").ClearContents
    Cells(1, 1) = "主成分分析"
    Cells(2, 1) = "データ数": Cells(2, 2) = P1
    Cells(2, 3) = "主成分数": Cells(2, 4) = n
    For i = 1 To n
        Cells(3, i + 1) = "PC" + Str(i)
    Next i
        Cells(4, 1) = "分散"
        Cells(5, 1) = "標準偏差"
        Cells(6, 1) = "累積寄与率"
        Cells(7, 1) = "主成分スコア"
    Rw = 3
    For j = 1 To n
        If LA(j) < 0 Then LA(j) = 0
        Cells(Rw + 1, 1 + j) = LA(j)
        Cells(Rw + 2, 1 + j) = Sqr(LA(j))
        Cells(Rw + 3, 1 + j) = CP(j)
        For i = 1 To P1
            Cells(7 + i, 1) = "S(" + Str(i) + ")"
            Cells(Rw + 4 + i, 1 + j) = A(i, j)
        Next i
    Next j
'--- 因子負荷量 ---
    Rw = 8 + P1
    Cells(Rw, 1) = "因子負荷量"
    For i = 1 To n
        Cells(Rw + i, 1) = "X(" + Str(i) + ")"
        For j = 1 To n
            Cells(Rw + i, 1 + j) = Sqr(LA(j)) * V(i, j)
        Next j
    Next i
End Sub
```

索 引

英数字

0次情報	143
1次情報	143
2次情報	143
AVERAGE()関数	73
BMI	73
CAS	195
Chemical Abstract service	195
CiNii Articles	58
EndNote	122
Excelで見出しの固定	140
Google scholar	51
IF文	150
J-STAGE	52
NDL-OPAC	55
PowerPoint	129,133
TREND()関数	150
VBA	97
VBAエディター	100

あ

アブストラクト	117,120,194
一元配置	92
因子	90
インパクトファクター	164,192
引用	188
引用文献リスト	191

か

回帰分析	81
科学技術振興機構	53
仮説の検証	146
教師付き学習	147
教師なし学習	147,152
近似曲線	78
訓練集合	147
桁数を設定	70
口頭発表	127,128,130
ゴールシーク	84
国立国会図書館サーチ	50
国立情報学研究所	58

さ

サイテーション	191
最適解ツール	84
散布図	78
軸ラベル	76
実験計画法	89
実験レポート	106
重回帰分析	81,150
週報	114
主旨	122
主成分分析	152
主題	122
条件付き書式	69

抄録誌	195
ショートカットキー	68
審査結果	178
水準	90
スライド	128
セルの書式設定	70
卒業論文	116
ソルバー	86

た

短報	121, 122
知識の発見	146
著作権	186
データベース	50, 139
データマイニング	144
データマイニング手法	149
特許出願	181

な

二元配置	94

は

パターン認識法	145, 147
発表	126
ばらつき	90
被引用論文	192
ビッグデータ	144
フィルター機能	141
プレゼンテーション	131
分散分析	91
報告書	112, 160
ポスター発表	127, 132

ま

マクロコード	102
孫引き	191
メール	161
メールアドレス	163

や

要因	90
要約	120
横棒グラフ	76

ら

ラグランジュ補間	98
リジェクト	179
論文投稿	165

関連参考書リスト

- 吉村忠与志、吉村三智頼、佐々和洋、青山義弘
  「Excelで数値計算の解法がわかる本」、秀和システム（2009）
- 吉村忠与志、佐々和洋、吉村三智頼
  「Excel/VBAプログラミング入門」、CQ出版（2012）
- 吉村忠与志
  「厳選例題Excelで解く問題解決のための科学計算入門」、技術評論社（2005）
- 吉村忠与志
  「Excelによる品質管理」、サイエンスハウス（2006）

著者略歴

吉村 忠与志（よしむら ただよし）

1973年	福井大学大学院工学研究科修士課程修了
1982年	理学博士（京都大学）
2013年	日本化学会 フェロー
現　職	福井工業高等専門学校名誉教授。地球環境学塾長
専　門	科学教育、環境科学、化学情報工学
著作物	「知るほどハマル！化学の不思議」、技術評論社（2007）、「スゴイ科学不思議な科学」、技術評論社（2009）、「地球との共生」、サイエンスハウス（2014）等、多数

本書へのご意見、ご感想は、以下のあて先で、書面またはFAXにてお受けいたします。電話でのお問い合わせにはお答えいたしかねますので、あらかじめご了承ください。

〒162-0846　東京都新宿区市谷左内町21-13
株式会社技術評論社　書籍編集部
『即戦力になる 実験ノート入門』係
FAX：03-3267-2271

- ●装丁　　　中村友和(ROVARIS)
- ●本文DTP　BUCH⁺

即戦力になる 実験ノート入門

2016年5月25日　初版　第1刷発行

著　者	吉村 忠与志
発行者	片岡 巌
発行所	株式会社技術評論社 東京都新宿区市谷左内町21-13 電話　03-3513-6150　販売促進部 　　　03-3267-2270　書籍編集部
印刷／製本	昭和情報プロセス株式会社

定価はカバーに表示してあります。

本の一部または全部を著作権の定める範囲を超え、無断で複写、複製、転載、テープ化、あるいはファイルに落とすことを禁じます。
造本には細心の注意を払っておりますが、万一、乱丁（ページの乱れ）や落丁（ページの抜け）がございましたら、小社販売促進部までお送りください。
送料小社負担にてお取り替えいたします。

©2016 吉村 忠与志
ISBN978-4-7741-8069-4 C3040
Printed in Japan